中国矿业大学安全及消防工程特色专业系列教材

通风网络分析

陈开岩　编著

中国矿业大学出版社

内 容 提 要

本书是中国矿业大学安全及消防工程特色专业系列教材之一。全书系统讲述了通风网络分析的基本概念、基本理论和基本算法，并系统地介绍了图论基础、通风网络、通风机运转特性及分析、通风网络自然分风解算、通风网络风量调节解算、通风网络解算程序及应用和矿井通风系统优化。全书共计7章，每章配有练习题，附录中给出了风网解算和风机特性曲线拟合的实用程序。

本书可作为高等院校安全工程本科专业教材，也可供相应专业的研究生及设计、科研、现场工程技术人员参考。

图书在版编目(C I P)数据

通风网络分析 / 陈开岩编著. —徐州：中国矿业
大学出版社，2018.12
　ISBN 978 - 7 - 5646 - 4269 - 3

　Ⅰ.①通… Ⅱ.①陈… Ⅲ.①矿井通风系统 Ⅳ.
①TD724

中国版本图书馆 CIP 数据核字(2018)第 298899 号

书　　名	通风网络分析
编　　著	陈开岩
责任编辑	章　毅
出版发行	中国矿业大学出版社有限责任公司
	（江苏省徐州市解放南路　邮编 221008）
营销热线	83884103　83885105
出版服务	83995789　83884920
网　　址	http://www.cumtp.com　E-mail：cumtpvip@cumtp.com
印　　刷	江苏淮阴新华印刷厂
开　　本	787×1092　1/16　**印张** 12.25　**字数** 310 千字
版次印次	2018 年 12 月第 1 版　2018 年 12 月第 1 次印刷
定　　价	36.00 元

（图书出现印装质量问题，本社负责调换）

前　言

　　本书是根据普通高等院校安全工程专业的"通风网络分析"或"流体网络分析"教学大纲编写的,其指导思想是:提高学生利用现代计算手段对通风系统进行模拟、预测和优化的能力,既注重理论与方法的学习,又注重上机实践;既适应本科安全工程专业教学需要,又适应现场管理需要,提高我国安全工程技术人员对通风的管理水平,保障安全生产。

　　本书包括7章正文和2个附录,系统地介绍了图论基础、通风网络、通风机运转特性及分析、复杂通风网络自然分风解算、通风网络风量调节解算、通风网络解算程序及应用和矿井通风系统优化等方面的基本知识和基本算法。为帮助读者学习和运用这些理论和方法,在每章后附有适量的思考与练习题,在附录中附有通风网络解算和通风机特性曲线拟合的实用程序。本书内容介绍力求深入浅出,以传授通风网络解算的基本概念、基本理论和基本方法为主,并适当增加了程序应用内容,以求理论与实践相结合。学好本书,将为今后继续研究通风网络方面的问题奠定坚实的基础。

　　本书编写过程中参考了相关教材、专业书籍和期刊资料或网络中的最新资料,在此谨向被引用的文献作者和引用但未注明的文献作者们一并表示衷心感谢! 同时,本书的编写与出版得到了中国矿业大学国家特色专业建设项目、江苏高校品牌专业建设工程项目(PPZY2015A055)和国家重点研发计划项目(2018YFC0808100)的资助,特此感谢!

　　由于编者水平所限,书中错误和不妥之处在所难免,恳请读者不吝指正。

编　者

2018 年 9 月

目　录

绪　论

　　将通风系统抽象成通风网络进行解算和分析,是解决通风问题的最重要手段和方法之一。随着计算机科学技术的发展和应用普及,用计算机对复杂通风网络进行解算,可以解决通风设计、通风管理、通风能力核定和通风系统优化改造等实践中遇到的各种数值分析问题。例如:矿井通风设计中矿井通风容易和困难时期的风量分配和阻力计算、通风机优化选型;矿井通风日常管理中的通风现状模拟、巷道贯通和封闭、采掘工作面推进和接替等引起通风状况的变化预测、风量按需优化调节;通风能力核定中的主要通风机和通风网络能力的验证、用风地点风量验证;通风系统改造中所提方案的模拟和优化分析等。因此,掌握通风网络理论和计算方法已成为对通风安全技术人员的基本要求。用计算机对矿井复杂通风网络进行模拟、预测、调节和优化,是近年来通风工程领域的重要进展之一,也是通风设计与管理现代化和科学化的一个基本手段和重要内容。通风网络理论补充和拓展了传统的通风理论,正发展成为通风工程领域的一个重要分支。

　　用通风网络抽象描述通风系统,用通风网络分析实现通风系统分析,作为一种理论与方法,可以追溯到很久以前。1928 年,波兰 H.Czeczott 提出通风网络解算问题,1931 年提出用几何法解算具有角联分支的 θ 型通风网络。1935 年 S.Barczyk 根据求解非线性方程组的牛顿法,利用泰勒级数对回路风压平衡非线性方程组进行近似线性化处理,提出一种逐次渐进算法。1936 年,美国 H.Cross 提出了一种用于解算水管网的逐次迭代计算法。1938 年,英国 S.Weeks 提出简单风网的图解法。1942 年,日本熊泽提出由△形变成 Y 形风网的解法。1950 年,荷兰 W.Maas 和美国 M. Mcllrog 等分别用钨丝灯泡研制出通风网络电模拟装置,并提出相应的解算方法。1951 年,英国 D.R.Scott 和 F.B.Hinsley 发表论文《通风网络理论》,提出一种与 Cross 法本质相同的逐次迭代计算法。同年,日本平松良雄引入拟线性风阻的概念,将回路风压平衡非线性方程组化为近似的线性方程组,然后进行近似逐次迭代求解计算。1953 年,D.R.Scott 和 F.B.Hinsley 第一次利用计算机分析通风网络,提出用泰勒级数近似将回路风压平衡非线性方程组化为线性方程组、并对其中雅克比矩阵进行简化计算的渐进计算法,即著名的斯考特—恒斯雷法。之后,通风网络解算方法由过去的数学分析法、图解法和电模拟法,逐渐过渡到利用电子计算机进行数值模拟的方法,20 世纪 60 年代初,英、美、日、苏、德等国学者开始了电子计算机在矿井通风方面的应用研究,解决了矿井通风网络风量、风压参数的数值计算问题,使能求解的通风网络由简单到复杂、变量数目由少到多。80 年代,美国 Y.J. Wang 提出了用于求解复杂通风网络风量调节问题的关键路径法。

　　我国从 20 世纪 70 年代中期也开始通风网络电算方面的研究,用 Basic、Fortran、C 等语言编制了基于文本文件输入输出的通风网络解算计算机程序,并在矿井通风系统的设计、管理和改造中得到了应用。随着计算机软件和硬件技术的发展,通风网络解算程序得到不断改进,逐渐采用面向对象的编程语言,并与数据库混合编程,开发出基于图形显示和数据库存储的通风网络解算可视化软件,实现了通风网络图形绘制、缩放、平移、修改和删除、图层管理、参数标注等操作,具有用户界面友好、软件操作直观简便等特点,进一步推动了通风网络解算软件的广泛应用。

　　通风网络理论主要是从宏观上揭示通风网络内风流流动的基本规律,以及通风网络中各参数间的相互关系,寻求解决通风实际问题的方法。它包括通风网络自然分风和按需分风解算。通风网络自然分风解算的任务是由已知的通风网络拓扑结构、分支空气密度、位压差、风阻及风机参数,求解通风网络风量、阻力、自然风压和通风机工况参数。通风网络按需分风解算的任务是由既定的通风网络结构、分支空气密度、位压差、风阻及风机参数求解满足风量分配要求时的调节参数,故也称为通风网络风量调节解算。因通风网络调节计算结果不是唯一的,即一定的通风网络结构和风量要求下,可能有多种不同的调节方案,因而产生了方案优化的问题。自然分风和按需分风这两类问题,在实际中往往同时存在,它们既有区别又有联系。当分支风阻包含调节窗风阻时的通风网络自然分风解算相当于风量调节解算;而按需分风解算可以首先进行部分分支(用风地点)风量固定下的自然分风解算,然后在求得通风网络全部分支风量的情况下再进行回路风压平衡调节计算。

1　图　论　基　础

图论是数学的一个重要分支,在许多学科领域中得到了广泛的应用。在通风网络分析中,图论具有重要的作用。本章根据通风网络分析的需要,只介绍有关图的一些基本概念、图的矩阵表示和有关算法。

1.1　图的基本概念

图论起源于 18 世纪著名的哥尼斯堡七桥问题。在哥尼斯堡城的普莱格尔河上有七座桥将河中的两个岛及岛与河岸联结起来,如图 1-1(a)所示,问题是要从这四块陆地中任何一块出发,通过每座桥一次且仅一次,最后回到出发点。1736 年瑞士数学家欧拉(L. Euler)将这个问题抽象化为第一个图论模型,即把四块陆地分别用 A 点、B 点、C 点、D 点来表示,将每座桥用连接相应两点的一条线来表示,从而得到一个抽象描述的"图",如图 1-1(b)所示,于是将上述问题变为从该图中任何一点出发,经过每条边一次且仅一次,能否再回到出发点的问题,并证明了这个问题无解,发表了图论的首篇论文《哥尼斯堡七桥问题》。

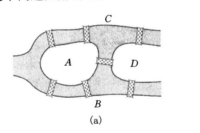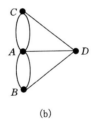

（a）　　　　　　　　　　　（b）

图 1-1　哥尼斯堡七桥问题图

(a) 哥尼斯堡七桥路线图;(b) 哥尼斯堡七桥模型图

图论从产生至今已有 200 多年的历史。从 1736 年到 19 世纪中叶,图论处于萌芽阶段,多数问题围绕游戏而产生。从 19 世纪中叶开始,图论进入发展阶段,这一时期图论问题大量出现,诸如关于地图染色的四色猜想问题、由"环游世界"发展起来的哈密尔顿(W. Hamilton)问题等,并开始以图为分析工具解决实际工程技术问题,例如,1847 年,德国的基尔霍夫(G. R. Kirchoff)由树的概念提出了解决确定电路网络独立方程组的方法,即基尔霍夫回路电压定律(KVL)和节点电流定律(KCL);1857 年,英国的凯莱(A. Cayley)利用树的概念研究有机化合物分子结构;1936 年,匈牙利数学家柯尼格(D. Konig)发表了第一部图论专著《有限图与无限图理论》,标志着图论成为一门独立学科。之后,由于生产管理、军事、交通运输、计算机和通讯网络等方面大量问题的出现,促进了图论的迅速发展,特别是电子计算机的出现和计算机科学的快速发展,为图论及其算法的研究和应用提供了强有力的支持和手段。

目前,图论广泛应用于物理学、化学、运筹学、计算机科学、电子学、信息论、控制论、网络理论、社会科学和管理科学等诸多领域。

1.1.1　图的定义及术语

图论中的图是指某类具体事物和这些事物间的联系的抽象描述。如果用点表示具体事物,用线段表示两个具体事物之间的联系,则一个图就是由点的集合及其中点的偶对间的连线的集合构成。这些点称为顶点或节点,连线称为边或分支。

（1）图的定义

一个图 G 是由节点集合 V、边集合 E 以及从 E 到 V 的有序或无序偶对所组成的集合的映射 F 来定义,记为 $G=(V,E,F)$。其中 $V=\{v_1,v_2,\cdots,v_m\}$ 表示图 G 节点的集合,是一个有限非空集合,m 为图 G 的节点数;$E=\{e_1,e_2,\cdots,e_n\}$ 是图 G 边的集合,n 为图 G 的边数;$F(e_k)=(v_i,v_j)$ 表示从 E 到 V 中的有序或无序偶对所组成的集合的映射。为了方便表述,通常将图简记成 $G=(V,E)$,或将含有 m 个节点,n 条边的图称为(m,n)图。

在图 $G=(V,E,F)$ 中,若边 e_k 连接的节点偶对 v_i、v_j 是有序的,即有方向性,则称其为有向边,记为 $e_k=(v_i,v_j)$,v_i 称为边的始节点,v_j 称为边的末节点;若边 e_k 连接的节点偶对 v_i、v_j 是无序的,即无方向性,则称其为无向边,记为 $e_k=\langle v_i,v_j\rangle$,$v_i$、$v_j$ 称为边的节点。

在图中,用带箭头的线表示有向边,给出了由始节点指向末节点的方向。对于所有的边均为有向边的图称为有向图,如图 1-2(b)所示,反之称为无向图,如图 1-2(a)所示。既存在有向边又存在无向边的图称为混合图。

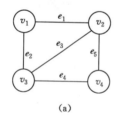
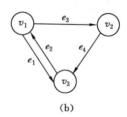

图 1-2　简单图

(a) 无向图 G_1；(b) 有向图 G_2

图可用几何图形表示,称为图的图解。图解能直观地表示图的结构,有助于了解有关图的许多性质。图论中许多定义和概念就是根据图解提出的。

图 1-2 给出了两个图的图解。图 1-2(a)所示的无向图 $G_1=(V_1,E_1,F_1)$,其中节点集合 $V_1=\{v_1,v_2,v_3,v_4\}$,边集合 $E_1=\{e_1,e_2,e_3,e_4,e_5\}$,从 E_1 到 V_1 的集合映射 F_1 是由 $F_1(e_1)=\langle v_1,v_2\rangle$,$F_1(e_2)=\langle v_1,v_3\rangle$,$F_1(e_3)=\langle v_3,v_2\rangle$,$F_1(e_4)=\langle v_3,v_4\rangle$,$F_1(e_5)=\langle v_2,v_4\rangle$ 组成,即边集合 E_1 中任一条无向边 e_k 均按其两端节点所构成的偶对(v_i,v_j)关系映射到节点集合 V_1 中。无向图中边 e_k 的映射 $F_1(e_k)=(v_i,v_j)$ 与 $F_1(e_k)=(v_j,v_i)$ 是等同的,即边无方向性,其两端节点偶对是无序的。

同样,图 1-2(b)所示的有向图 $G_2=(V_2,E_2,F_2)$,其中 $V_2=\{v_1,v_2,v_3\}$,$E_2=\{e_1,e_2,e_3,e_4\}$,$F_2(e_1)=(v_1,v_3)$,$F_2(e_2)=(v_3,v_1)$,$F_2(e_3)=(v_1,v_2)$,$F_2(e_4)=(v_2,v_3)$,显然,

与无向图不同,有向图 G_2 中的节点偶对 (v_1, v_3) 与 (v_3, v_1) 对应了两条方向相反的不同有向边,即边有方向性,其两端节点偶对是有序的。

图中的边是否要定义方向,是根据图所描述的实际系统问题分析求解的需要而定。若事物间联系是可逆的,如双行的道路交通图、可逆的状态转化图等,则抽象成无向图。若事物间联系是不可逆的,如单行的道路交通图、通风管道系统图等,则抽象成有向图。

在有向图中,关联一对节点的有向边有多条且这些边的方向相同,称这些边为平行边。在无向图中,关联一对节点的无向边有多条,则称这些边为平行边。平行边的边数称为重数。含平行边的图称为多重图。若一条边关联的两个节点为同一节点,则此边称作环。既不含平行边也不含环的图称为简单图。例如,图 1-2(a)、(b) 是简单图,而图 1-3(a)、(b) 是多重图。

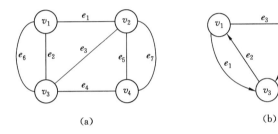

图 1-3 多重图
(a) 无向图;(b) 有向图

一个在边集合 E 或点集合 V 上定义了权函数 $f(e)$ 或 $f(v)$ $(e \in E$ 或 $v \in V)$ 的图 $G = (V, E)$ 称为网络或赋权图,记为 $N = (G, f)$。对应于图的属性和结构,类似的有简单网络、无向网络、有向网络、有向多重网络等。

网络中给边或点赋予什么样的参数权值,取决于其所描述的实际系统问题分析求解的需要。如研究道路交通网络中任意两个地点可通达的最短距离,就需要给网络中代表道路的边连线赋一个距离权值。

(2) 邻接与关联

在一个无向图 $G = (V, E)$ 中,若两个节点 v_i 与 v_j 有边 $e_k = \langle v_i, v_j \rangle$ 相连,则称节点 v_i 和 v_j 邻接,称边 e_k 与节点 v_i、v_j 关联。若两边 e_k 和 e_l 有一共同的节点,则称边 e_k 和 e_l 邻接。如图 1-2(a) 中节点 v_1 与 v_2 邻接,边 e_1 与节点 v_1、v_2 关联,边 e_1 与 e_2 邻接。

对于有向图 $G = (V, E)$,若两个节点 v_i 与 v_j 有边 $e_k = (v_i, v_j)$ 相连,称节点 v_i 和 v_j 邻接,并称边 e_k 和节点 v_i、v_j 关联。若边 e_k 的末节点是边 e_l 的始节点,则称边 e_k 和 e_l 邻接。由此可见,有向图中的邻接关系是有方向性的。如图 1-2(b) 中节点 v_1 与 v_2 邻接,而 v_2 与 v_1 不邻接,边 e_3 与 e_4 邻接,而 e_4 与 e_3 不邻接。

(3) 节点的度

图 G 中某一节点关联于边的数目称为该节点的度。对于有向图,以某节点 v_i 为始点的边数目,称为该节点的出度,记为 $d^+(v_i)$,相反,以某节点 v_i 为末点的边数目,称为该节点的入度,记为 $d^-(v_i)$,显然有向图中节点的入度与出度之和等于节点的度,$d(v_i) = d^+(v_i) + d^-(v_i)$。

设一个 (m, n) 图 G 中节点 v_i 的度为 $d(v_i)$,则图 G 所有节点度总和与分支总数之间存在如下关系:

$$n = \frac{1}{2} \sum_{i=1}^{m} d(v_i) \qquad (1\text{-}1)$$

即图的边总数等于图所有节点度总和的一半,反映了节点与边之间的关联性,形象地称之为握手定律。由于图中每一条边与两个节点关联,即在节点间增加一条边,就使图中所有节点度的总和增加2,显然握手定律成立。对于图1-2所示的图G,所有节点度之总和为16,边总数$n=8$,式(1-1)成立,即符合握手定律。

简单图中任意两节点均相互邻接,即节点间联系达到完备且无重复,称其为完全图。对于含有m个节点的无向完全图,其边数应为$m(m-1)/2$,如图1-4(a)所示。而对于有向完全图应有$m(m-1)$条边,如图1-4(b)所示。由此可见,在简单图中,完全图是最稠密的,而有节点无边的图是最稀疏的,简单无向图边数为$0 \leqslant n \leqslant m(m-1)/2$,简单有向图边数为$0 \leqslant n \leqslant m(m-1)$。当图中边数越靠近上限时,则越稠密复杂,相反越稀疏简单。

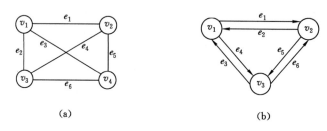

图1-4 完全图
(a) 完全无向图;(b) 完全有向图

(4) 同构

若图$G=(V,E,F)$和图$G'=(V',E',F')$的节点集合、分支集合以及两集合映射之间都存在一一对应相同关系,则称G和G'同构,记为$G \cong G'$。例如,图1-5所示的三个图互为同构。尽管图形不同,但其节点和边的关系保持不变。在绘制通风网络图时,为使风网结构直观明了、可读性强、美观,应尽量消除各分支间的交叉,但更为重要的是应保持所绘的通风网络图与原通风系统图互为同构。

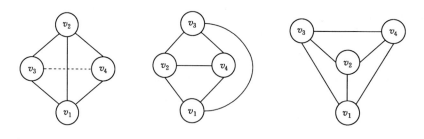

图1-5 图的同构关系

(5) 子图

若有两个图$G_1=(V_1,E_1)$和$G_2=(V_2,E_2)$,满足如下条件:$V_2 \subseteq V_1$且$E_2 \subseteq E_1$,即V_2为V_1的子集,E_2为E_1的子集,则称图G_2为图G_1的子图。若$V_2 \subset V_1$且$E_2 \subset E_1$,即V_2和E_2分别为V_1和E_1的真子集,则图G_2为图G_1的真子图,如图1-6(b)所示图G_1是图1-6(a)所

示图 G 的真子图;若 $V_2 = V_1$ 且 $E_2 \subset E_1$,则称图 G_2 为图 G_1 的生成子图,如图 1-6(c)所示图 G_2 是图 1-6(a)所示图 G 的生成子图。

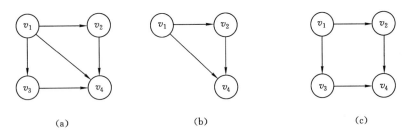

图 1-6 图与子图的关系

(a) 图 G;(b) 图 G 的真子图 G_1;(c) 图 G 的生成子图 G_2

（6）平面图

若图 G 有一个在平面上的图解,其中任意两条线除了可能有共同的节点外,处处不相交,则称其为平面图,如图 1-6(a)所示。由于它的边线布列不相交,所以具有更为直观、清晰的特性。一个通风网络图是由实际的通风系统三维实体抽象而来,故不一定可用平面图表示,图 1-7 就不是平面图。

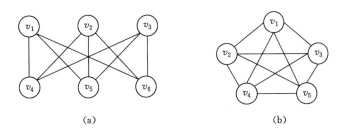

图 1-7 非平面图

(a) 图 G_1;(b) 图 G_2

1.1.2 链、通路、回路与连通性

（1）链、通路、回路

图 G 中不同节点和边交替衔接序列称为链。例如图 1-8 中 $(v_1 - e_2 - v_3 - e_7 - v_6 - e_{10} - v_7 - e_8 - v_4 - e_5 - v_3 - e_7 - v_6 - e_{12} - v_8)$ 表示从起点 v_1 至终点 v_8 的一条链(link),链中分支衔接不考虑分支方向。对于无重复分支的链称之为简单链或迹(trail),无重复节点的链称之为基本链或路(path),基本链肯定是简单链,但简单链不一定是基本链。例如图 1-8 中 $(v_1 - e_2 - v_3 - e_7 - v_6 - e_{10} - v_7 - e_8 - v_4 - e_5 - v_3 - e_4 - v_2 - e_6 - v_5 - e_{11} - v_8)$ 是从 v_1 至 v_8 的一条简单链,但不是基本链;而 $(v_1 - e_2 - v_3 - e_5 - v_4 - e_8 - v_7 - e_{10} - v_6 - e_{12} - v_8)$ 是从 v_1 至 v_8 的一条基本链,当然也是简单链。

如果一条链的起点与终点重合,则称此为闭合链,例如图 1-8 中 $(v_3 - e_7 - v_6 - e_{10} - v_7 - e_8 - v_4 - e_5 - v_3)$ 是一条从起点 v_3 出发又回到起点 v_3 的闭合链。一条闭合的链又称之为回路,闭合的基本链称为基本回路,如图 1-8 中 $(v_1 - e_2 - v_3 - e_5 - v_4 - e_8 - v_7 - e_{10} - v_6 - e_{12} - v_8 - e_{14} - v_1)$ 是一个基本回路。

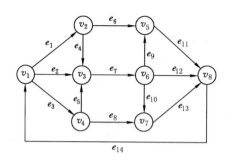

图 1-8　通风网络 G

对于有向图,如果从链的起点开始,链中边 e_i 的终点是后继边 e_{i+1} 的始点,直到链的终点,即链中各边方向一致,这种链称为通路。与链类似,也有简单通路和基本通路,如图 1-8 中(v_1—e_2—v_3—e_7—v_6—e_{12}—v_8)是从 v_1 至 v_8 的一条基本通路。

在连通的赋权图 G 中,两节点间每条通路中各边的权之和称为该通路的权,两节点间所有通路中,权最大者,称为最长路;相反,称为最短路。最长路和最短路可能不是唯一的。

（2）连通图与连通分量

在无向图中,从一个节点 v_i 到另一节点 v_j 有路存在,则称节点 v_i 与 v_j 是可通达的。若任意两个节点都是可通达的,则称此图为连通图,否则称为非连通图,如图 1-9 所示。

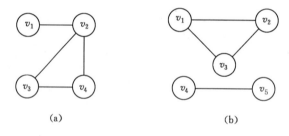

图 1-9　连通图和非连通图
（a）连通图；（b）非连通图

在有向图中,从一个节点 v_i 到另一节点 v_j 有通路存在,则称节点 v_i 与 v_j 是连通的,若图中任意两个节点都是连通的,则称此有向图为强连通图,否则称为非强连通图,如图 1-10 所示。

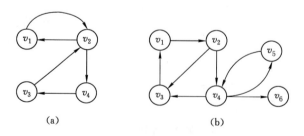

图 1-10　强连通图和非强连通图
（a）强连通图；（b）非强连通图

非连通无向图中,极大的连通子图称为该图的连通分量,其中连通分量可以有多个。例如,图 1-9(b)所示的非连通无向图有两个连通分量,如图 1-11 所示。

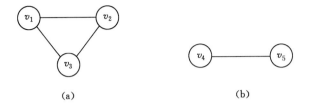

图 1-11　非连通图的连通分量
(a)连通分量一;(b)连通分量二

对于非强连通有向图的极大强连通子图称为该图的强连通分量,显然,也可有多个强连通分量。例如图 1-10(b)所示的非强连通有向图有三个强连通分量,如图 1-12 所示。

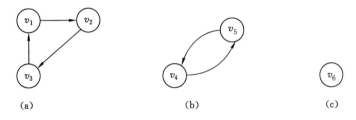

图 1-12　非强连通图的强连通分量
(a)强连通分量一;(b)强连通分量二;(c)强连通分量三

1.1.3　树

树是一种不包含任何回路的连通图,在许多领域中得到广泛的应用。在通风网络独立回路风压平衡方程组的建立、调节设施的布置等方面,都和网络的一定的树结构有关。

(1)树的定义

不包含任何回路的连通图称为树。组成树的边称为树枝,如图 1-13 所示的图即为一棵树,其树枝为(e_1,e_2,e_3,e_4,e_5,e_6)。树中度为 1 的节点称为树叶点或悬挂点,图 1-13 的树中(v_1,v_3,v_5,v_7)均为树叶节点。度大于 1 的节点称为分枝点或内部节点,如图 1-13 中(v_2,v_4,v_6)均为分枝点。

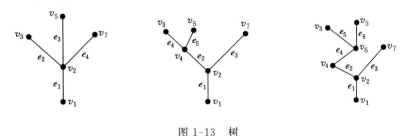

图 1-13　树

从图的连通性考虑,去掉连通图中任何一条边后能使该图分为不相连的两部分,称此边为割边。树中任何一条树枝均为割边。如果连通图中去掉一个节点和该节点相关联的边后,能将图分为不相连的两个或两个以上部分,则称此节点为割点。显然,树中分枝点均为割点。

根据树 T 的结构特点,下述每条均可描述树:

① 树连通且无回路;

② 树连通且其节点数减一恰好等于其边数;

③ 树的每一对节点间有唯一的一条路;

④ 树无回路,但树中加上一条边恰得一回路;

⑤ 树连通,但去掉任一边,图便不连通。

（2）图的生成树和余树

无回路且连通的 (m,n) 图 G 的生成子图称为图 G 的生成树,记为 T。其树枝数目为 $(m-1)$,图 G 去掉生成树 T 后剩余的边构成余树,记为 $\overline{T}$,余树所含的边称为余树弦,余树弦数目为 $(n-m+1)$ 个。一个连通图 G 的生成树不是唯一的,任何连通图均有生成树。生成树是连通一个图 G 全部节点的最少边集合。如图 1-14 中 (b)、(c)、(d) 为 (a) 的三棵生成树,其相应的余树分别为图 1-14 中 (e)、(f)、(g)。可以看出,余树既可含回路、也可不连通。

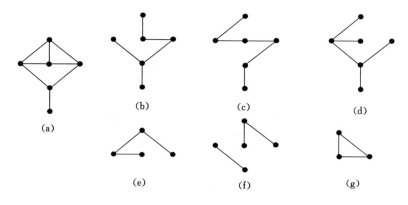

图 1-14　生成树和余树示例

（3）最小树与最大树

赋权连通图 G 中,一棵生成树所有树枝上权之总和称为生成树的权。图 G 中所有生成树中权最小(最大)者,称为最小(最大)生成树。由于树枝的权可以相等,因此最小(最大)的生成树并非是唯一的。在解算通风网络时,通常以风阻与风量之积 (RQ) 作为权,选用最小生成树来加快迭代计算的收敛速度。

（4）基本回路

设 T 是连通图 G 的一棵生成树,由一条余树弦和 T 的树枝构成的回路,称为图 G 关于生成树 T 的基本回路。在图 G 的生成树 T 中,每添加一个余树弦就构成一个基本回路。由 $n-m+1$ 条余树弦形成的 $n-m+1$ 个基本回路,称为关于生成树 T 的基本回路组。

由于基本回路组中至少有一条余树弦是互不相同的,故其是线性无关的。

对于有向图,可给基本回路定义一个方向,通常将基本回路的方向规定为余树弦的方向。回路内各边的方向与回路方向相同取正,相反取负。

例如,图 1-15 所示的有向连通图中,有 6 条边,4 个节点,其粗线表示的一棵生成树为

$T_1 = \{e_1, e_2, e_3\}$，其对应的余树为 $\overline{T} = \{e_4, e_5, e_6\}$，可构成 3 个基本回路：

对应余树弦 e_4 的基本回路：$C_1 = \{e_4, e_2, -e_3\}$；

对应余树弦 e_5 的基本回路：$C_2 = \{e_5, e_2, e_1\}$；

对应余树弦 e_8 的基本回路：$C_3 = \{e_6, e_1, e_3\}$。

在回路的边集合中，负号表示该边的方向与回路方向相反。

由于一个图的生成树不是唯一的，因而一个图的基本回路组也不是唯一的。

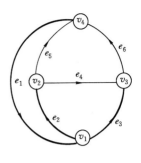

图 1-15　基本回路示例

1.1.4　割集

（1）定义

连通图 G 的割集 S 是 G 的一个边集合，把 S 从 G 中移去，将使图 G 分离为不连通的两部分，但是如果少移去 S 中的一条边，则图 G 仍将是连通的。

在图解中，常用虚线画出闭合面，被闭合面切割的每一条边组成一个割集。如图 1-16（a）中 $S_1 = \{e_1, -e_5, -e_6\}$，$S_2 = \{e_2, -e_4, -e_5\}$ 等。

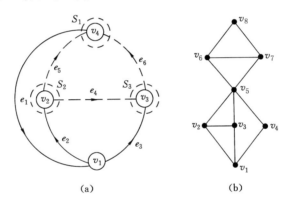

|（a）|（b）|

图 1-16　图的割集

应当指出，如果移去图 G 某些边后，使连通图 G 分离成两个以上不相连子图，则此边集不是一个割集。显然，连通图 G 中，除割点外，与任一节点相关联的边均构成一个割集。如图 1-16(b) 中，除节点 v_5（割点）外任一节点的关联边集合都是图的割集。

（2）割集方向

对于有向连通图，若给割集定义一个方向，则称为有向割集。以割集的虚线闭合面为界，把指向闭合面外或其内的方向定为割集方向。与割集方向一致的边取正号，相反取负号。

（3）生成树与割集的关系

由生成树定义可知，一个连通图的生成树是连通这个图的全部节点的边数最少的集合，而一个割集 S 则是分割一个连通图为不连通两部分的最少移去边的集合。因此，单纯移去余树弦是不能将图 G 分成不相连两个部分的，即连通图 G 的一个割集 S 至少包含图 G 生成树的一条树枝。

（4）基本割集

如果连通图 G 的割集当且仅当包含连通图 G 的生成树 T 中一个树枝，其余均为余树，则称此割集为对应于这一树枝的基本割集，且将该树枝方向规定为该割集的方向。因 T 有 $m-1$ 条树枝，可确定 $m-1$ 个基本割集，这 $m-1$ 个基本割集称为图 G 关于生成树 T 的一个基本割集组。由于基本割集组中至少有一条树枝是互不相同的，故其是线性无关的。

例如，在图 1-16(a)中，对应树枝 (e_1, e_2, e_3) 的基本割集分别为 $S_1 = \{e_1, -e_5, -e_6\}$，$S_2 = \{e_2, e_4, -e_5\}$，$S_3 = \{e_3, e_4, -e_6\}$。在割集中，负号表示该边的方向与割集方向相反。

由于一个图的生成树不是唯一的，因而一个图的基本割集组也不是唯一的。

1.2　图的矩阵表示

借助图形描述图的基本概念、结构属性等，具有一定的直观性。为了便于对图进行数学建模和求解，有必要对图采用矩阵表示，使我们能用线性代数中的方法来研究、分析图的结构及性质，并且便于实现对图基本信息的计算机存储和运算。

1.2.1　图的邻接矩阵

一个图 G 的结构，可以完全由节点之间的邻接关系来描述，这种关系可以通过一个矩阵来给出。

设 $G = (V, E)$ 是一个简单图，有 m 个节点、n 条边，则称 m 阶方阵 $\boldsymbol{A}(G) = (a_{ij})_{m \times m}$ 为图 G 的邻接矩阵。其中：

$$a_{ij} = \begin{cases} 1 & \text{节点 } v_i \text{ 和 } v_j \text{ 邻接} \\ 0 & \text{节点 } v_i \text{ 和 } v_j \text{ 不邻接或 } v_i = v_j \end{cases} \tag{1-2}$$

例如图 1-17 给出的简单无向图 G_1 和简单有向图 G_2 中，对于节点的排列次序为 (v_1, v_2, v_3, v_4) 时的邻接矩阵可分别写出：

$$\boldsymbol{A}(G_1) = \begin{pmatrix} 0 & 1 & 1 & 1 \\ 1 & 0 & 1 & 1 \\ 1 & 1 & 0 & 1 \\ 1 & 1 & 1 & 0 \end{pmatrix} \begin{matrix} v_1 \\ v_2 \\ v_3 \\ v_4 \end{matrix} \qquad \boldsymbol{A}(G_2) = \begin{pmatrix} 0 & 1 & 1 & 1 \\ 0 & 0 & 1 & 0 \\ 0 & 0 & 0 & 1 \\ 0 & 1 & 0 & 0 \end{pmatrix} \begin{matrix} v_1 \\ v_2 \\ v_3 \\ v_4 \end{matrix}$$

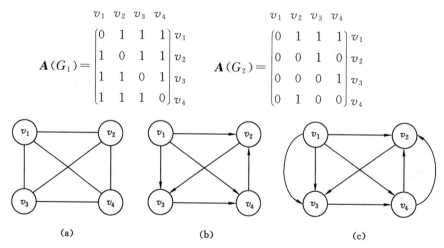

图 1-17　图的邻接矩阵

(a) 简单无向图 G_1；(b) 简单有向图 G_2；(c) 多重有向图 G_3

显然,对于简单无向图 G_1,其邻接矩阵 $\boldsymbol{A}(G_1)$ 具有以下特征:

① 根据节点间的邻接关系,矩阵 $\boldsymbol{A}$ 是主对角线元素为 0 的对称方阵,其元素仅由 0、1 组成。当所有非对角线元素都为 1 时,则此图 G_1 为完全无向图。

② 矩阵 $\boldsymbol{A}$ 中某行或列非零元素的数目等于该行或列对应节点的度。

③ 矩阵 $\boldsymbol{A}$ 中非零元素的数目等于图中边数的 2 倍。

④ 如果改变节点的排列次序,则矩阵 $\boldsymbol{A}$ 作相应的行列交换。

对于简单有向图 G_2,其邻接矩阵 $\boldsymbol{A}(G_2)$ 具有以下特征:

① 矩阵 $\boldsymbol{A}$ 是主对角线元素为 0 的非对称方阵,其元素也仅由 0、1 组成。只有当图 G_2 是完全有向图时,其邻接矩阵才是对称方阵,并且除主对角线元素为 0 外其他元素全为 1。

② 矩阵 $\boldsymbol{A}$ 中非零元素的数目等于图中边的数目。

③ 矩阵 $\boldsymbol{A}$ 中某行非零元素的数目等于该行对应节点的出度;某列非零元素的数目等于该列对应节点的入度。

④ 如果改变节点的排列次序,则矩阵 $\boldsymbol{A}$ 作相应的行列交换。

若把式(1-2)定义的简单图邻接矩阵的概念推广到多重图,只需将方阵 $\boldsymbol{A}(G)$ 的元素 a_{ij} 写成节点 v_i 至 v_j 的平行边的数目。例如,图 1-17(c)所示的多重有向图 G_3 的邻接矩阵可以写成:

$$\boldsymbol{A}(G_3) = \begin{array}{c} \begin{array}{cccc} v_1 & v_2 & v_3 & v_4 \end{array} \\ \left\{ \begin{array}{cccc} 0 & 1 & 2 & 1 \\ 0 & 0 & 1 & 0 \\ 0 & 0 & 0 & 1 \\ 0 & 2 & 0 & 0 \end{array} \right\} \begin{array}{c} v_1 \\ v_2 \\ v_3 \\ v_4 \end{array} \end{array}$$

应当指出,邻接矩阵 $\boldsymbol{A}(G)$ 可给出图 G 结构的完备数字信息,当然,反过来也可由 $\boldsymbol{A}(G)$ 画出唯一的图 G 的图解。

上述邻接矩阵是基于节点间的邻接关系建立起来的,故又称为节点邻接矩阵。如果按图的边之间的邻接关系,类似可以建立边的邻接矩阵。

1.2.2 图的基本关联矩阵

一个图 G 的邻接矩阵,通过给出的节点间邻接关系的信息,可完备描述图 G 的结构。如果给出图 G 的节点与边间的关联关系,图 G 也可完全被确定。

表示图的节点与边之间关联关系的矩阵称为图的关联矩阵。

(1) 完全关联矩阵

设图 $G(V, E)$ 为 (m, n) 有向图,构造矩阵 $\boldsymbol{B}_f(G) = (b_{ij})_{(m \times n)}$,其中,矩阵元素 b_{ij} 的取值为:

$$b_{ij} = \begin{cases} 1 & \text{节点 } v_i \text{ 与边 } e_j \text{ 关联,且 } v_i \text{ 为始节点} \\ -1 & \text{节点 } v_i \text{ 与边 } e_j \text{ 关联,且 } v_i \text{ 为终节点} \\ 0 & \text{节点 } v_i \text{ 与边 } e_j \text{ 不关联} \end{cases} \tag{1-3}$$

则称 $\boldsymbol{B}_f$ 为有向图 G 的完全关联矩阵。

例如图 1-18 给出的有向图 $G(V, E)$,以节点和边的一定排列次序,可写出完全关联矩阵为:

$$\boldsymbol{B}_{\mathrm{f}} = \begin{array}{ccccccccc} e_1 & e_2 & e_3 & e_4 & e_5 & e_6 & e_7 & e_8 & \\ \begin{bmatrix} -1 & 1 & 0 & 0 & 1 & 0 & 0 & 0 \\ 0 & -1 & 1 & 0 & 0 & 1 & 0 & 0 \\ 0 & 0 & 0 & 1 & -1 & 0 & 0 & 1 \\ 0 & 0 & 0 & 0 & 0 & -1 & 1 & -1 \\ 1 & 0 & -1 & -1 & 0 & 0 & -1 & 0 \end{bmatrix} & \begin{array}{c} v_1 \\ v_2 \\ v_3 \\ v_4 \\ v_5 \end{array} \end{array}$$

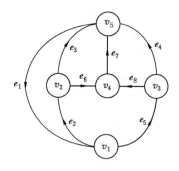

图 1-18　有向连通图

由此例可见,有向图的完全关联矩阵 $\boldsymbol{B}_{\mathrm{f}}$ 描述了图的全部节点和边的关联关系,给出了图的节点与哪些分支相连的信息,行数为节点数,列数为边数。矩阵 $\boldsymbol{B}_{\mathrm{f}}$ 具有以下特征:

① 若改变节点或边的排列次序,矩阵 $\boldsymbol{B}_{\mathrm{f}}$ 则做相应的行(列)交换,但矩阵 $\boldsymbol{B}_{\mathrm{f}}$ 的性质不变。

② 每一行非零元素的个数为对应节点的度。其中元素值为 1 的个数表示该行对应节点的出度、-1 的个数表示该行对应节点的入度。

③ 矩阵 $\boldsymbol{B}_{\mathrm{f}}$ 任一列只对应一条边 $e_j = (v_p, v_q)$,在矩阵 $\boldsymbol{B}_{\mathrm{f}}$ 的第 j 列上,除第 p、q 行元素 $b_{pj} = 1$ 和 $b_{qj} = -1$ 外,其余 $b_{ij} = 0$。因此,矩阵 $\boldsymbol{B}_{\mathrm{f}}$ 的 m 个 n 维行向量之和必然为一零向量,即矩阵 $\boldsymbol{B}_{\mathrm{f}}$ 的 m 个 n 维行向量线性相关,即 $\boldsymbol{B}_{\mathrm{f}}$ 的秩小于 m,可以用反证法证明其秩等于 $m-1$。

证明:设 $\boldsymbol{\beta}_k$ 是矩阵 $\boldsymbol{B}_{\mathrm{f}}$ 对应于节点 v_k 的第 k 行向量。若 $\boldsymbol{B}_{\mathrm{f}}$ 的秩小于 $m-1$,则其中任意 $m-1$ 个行向量都线性相关,故令前 $m-1$ 个行向量线性相关,那么存在一个不全为零的数列 $\alpha_1, \alpha_2, \cdots, \alpha_{m-1}$,使

$$\sum_{k=1}^{m-1} \alpha_k \boldsymbol{\beta}_k = 0$$

不失一般性,设 $\alpha_1 \neq 0$,若令 $\alpha_m = 0$,则有:

$$\sum_{k=1}^{m} \alpha_k \boldsymbol{\beta}_k = \sum_{k=1}^{m-1} \alpha_k \boldsymbol{\beta}_k = 0 \tag{1-4}$$

由图 G 的连通性,节点 v_1 与 v_m 之间必然有通路 $P = \{v_1, e_{j1}, v_{i1}, e_{j2}, v_{i2}, \cdots, v_m\}$ 存在,那么在 $\alpha_1, \alpha_{i1}, \alpha_{i2}, \cdots, \alpha_m$ 中必定可以找到两个数 α_p, α_q 满足 $\alpha_p \neq 0, \alpha_q = 0$,且边 $e_j = (v_p, v_q) \in E$,于是,由式(1-4)并考虑第 j 个分量,得

$$\left(\sum_{k=1}^{m} \alpha_k \boldsymbol{\beta}_k \right)_j = a_p b_{pj} + a_q b_{qj} = a_p b_{pj} = 0$$

但 $b_{pj} = \pm 1, \alpha_p \neq 0$,引出矛盾,故矩阵 $\boldsymbol{B}_{\mathrm{f}}$ 中 $m-1$ 个行向量线性无关,即 $\boldsymbol{B}_{\mathrm{f}}$ 的秩为 $m-1$。

从上述证明过程来看,可以得到矩阵 $\boldsymbol{B}_{\mathrm{f}}$ 的任意 $m-1$ 个行向量都线性无关。

(2)基本关联矩阵

若一个有向连通 (m, n) 的图,从完全关联矩阵 $\boldsymbol{B}_{\mathrm{f}}$ 中除去任意节点 v_k 所对应的一行,得到的 $(m-1) \times n$ 阶矩阵 $\boldsymbol{B}$,因其行向量组线性无关,故称为图 G 对于参考节点 v_k 的基本关联矩阵,简称基本关联矩阵。如图 1-18 所示的有向连通图对于参考节点 v_5 的基本关联矩阵为:

$$\boldsymbol{B} = \begin{pmatrix} -1 & 1 & 0 & 0 & 1 & 0 & 0 & 0 \\ 0 & -1 & 1 & 0 & 0 & 1 & 0 & 0 \\ 0 & 0 & 0 & 1 & -1 & 0 & 0 & 1 \\ 0 & 0 & 0 & 0 & 0 & -1 & 1 & -1 \end{pmatrix}$$

由于矩阵 $\boldsymbol{B}_f$ 的 m 个行向量线性相关,故矩阵 $\boldsymbol{B}$ 缺少的一行,可由矩阵 $\boldsymbol{B}$ 的 $m-1$ 个行向量线性变换得到,因此,矩阵 $\boldsymbol{B}$ 仍可描述出图的全部结构特征。基本关联矩阵 $\boldsymbol{B}$ 内每行的非零元素表示与相应节点关联的分支,1 表示流出节点的分支,-1 表示流入节点的分支。矩阵 $\boldsymbol{B}$ 内每列非零元素 1 和 -1,分别对应该边的始末点,列中仅含一个非零元素的对应边,即为与参考节点相连的分支。

1.2.3 图的基本回路矩阵

对于 (m,n) 有向连通图 G,对应图 G 某一生成树 T 与其余树所构成的基本回路组可用 $(n-m+1) \times n$ 阶矩阵 $\boldsymbol{C} = \{c_{ij}\}$ 的形式表示。矩阵元素 c_{ij} 表示第 i 个基本回路 C_i 中是否包含第 j 条边 e_j,其取值规则如下:

$$c_{ij} = \begin{cases} 1 & \text{若 } e_j \in C_i, \text{且与回路 } C_i \text{ 方向相同} \\ -1 & \text{若 } e_j \in C_i, \text{且与回路 } C_i \text{ 方向相反} \\ 0 & \text{若 } e_j \notin C_i \end{cases} \tag{1-5}$$

按上述规则构建的矩阵称为图 G 关于生成树 T 的基本回路矩阵。

例如,对于图 1-19 所示的有向连通图,对应生成树 $T_1 = \{e_1, e_2, e_3\}$ 和余树 $\overline{T}_1 = \{e_4, e_5, e_6\}$ 的基本回路矩阵为:

$$\begin{array}{cccccc} & e_4 & e_5 & e_6 & e_1 & e_2 & e_3 \\ \boldsymbol{C} = & \begin{pmatrix} 1 & 0 & 0 & 0 & 1 & -1 \\ 0 & 1 & 0 & 1 & 1 & 0 \\ 0 & 0 & 1 & 1 & 0 & 1 \end{pmatrix} & \begin{matrix} C_1 \\ C_2 \\ C_3 \end{matrix} \end{array}$$

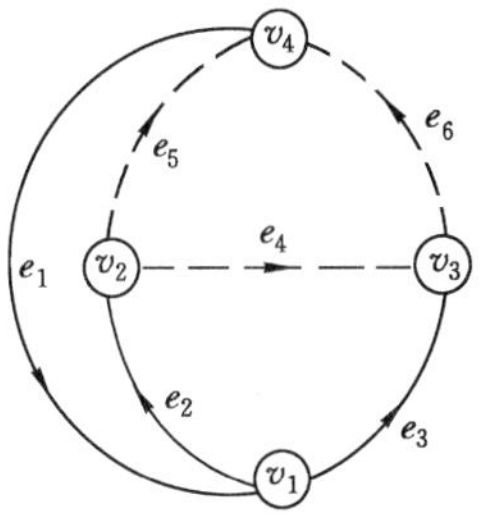

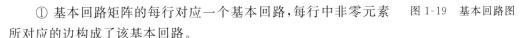

基本回路矩阵具有如下性质:

① 基本回路矩阵的每行对应一个基本回路,每行中非零元素所对应的边构成了该基本回路。

② 由于基本回路矩阵 $\boldsymbol{C}$ 的每一行中至少存在一个不同的余树弦,故 $n-m+1$ 条余树弦对应的基本回路行向量是线性无关的,即矩阵 $\boldsymbol{C}$ 的秩 $\text{rank}(\boldsymbol{C}) = n-m+1$。

③ 有向连通图 G 的生成树 T 的基本回路矩阵的列,若按余树弦在前,树枝在后排列,并且余树弦对应的列序与其所在回路的行序相同,可将回路矩阵分为两个子块,使余树弦对应的子块为单位矩阵 $\boldsymbol{I}_c$,即 $\boldsymbol{C} = (\boldsymbol{I}_c, \boldsymbol{C}_{12})$。

④ 由于有向连通图 G 存在多个生成树及余树,故图 G 的基本回路矩阵不是唯一的,对应有多个基本回路矩阵,只不过这些基本回路矩阵之间是线性相关的,故在应用时只需列出一个基本回路矩阵即可。

1.2.4 图的基本割集矩阵

对于 (m,n) 有向连通图 G,对应其某一生成树 T 的基本割集组可用 $(m-1) \times n$ 阶矩阵 $\boldsymbol{S} = \{s_{ij}\}$ 的形式表示。矩阵元素 s_{ij} 表示割集 S_i 中是否包含 e_j 边,其取值规则如下:

图 1-19 基本回路图

$$s_{ij} = \begin{cases} 1 & \text{若 } e_j \in S_i, \text{且与割集 } S_i \text{ 方向相同} \\ -1 & \text{若 } e_j \in S_i, \text{且与割集 } S_i \text{ 方向相反} \\ 0 & \text{若 } e_j \notin S_i \end{cases} \qquad (1\text{-}6)$$

按上述规则构建的矩阵称为图 G 关于生成树 T 的基本割集矩阵。

例如,对于图 1-20 所示的有向连通图,对应生成树 $T_1 = \{e_1, e_2, e_3\}$ 和余树 $\overline{T}_1 = \{e_4, e_5, e_6\}$ 的基本割集矩阵为:

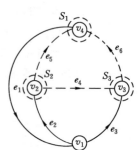

$$\begin{array}{cccccc} e_4 & e_5 & e_6 & e_1 & e_2 & e_3 \end{array}$$
$$\boldsymbol{S} = \begin{pmatrix} 0 & -1 & -1 & 1 & 0 & 0 \\ -1 & -1 & 0 & 0 & 1 & 0 \\ 1 & 0 & -1 & 0 & 0 & 1 \end{pmatrix} \begin{array}{c} S_1 \\ S_2 \\ S_3 \end{array}$$

基本割集矩阵具有如下性质:

① 基本割集矩阵 $\boldsymbol{S}$ 的每一行对应一个割集,每行中非零元素所对应的边组成了该割集。

图 1-20　基本割集图

② 由于基本割集矩阵 $\boldsymbol{S}$ 的每一行中至少存在一个不同的生成树树枝,故 $m-1$ 条树枝对应的基本割集行向量是线性无关的,即矩阵 $\boldsymbol{S}$ 的秩 $\mathrm{rank}(\boldsymbol{S}) = m-1$。

③ 有向连通图 G 的生成树 T 的基本割集矩阵的列,若按余树弦在前,树枝在后排列,则可将割集矩阵分为两个子块,使生成树对应的子块为单位矩阵 $\boldsymbol{I}_s$,即 $\boldsymbol{S} = (\boldsymbol{S}_{11}, \boldsymbol{I}_s)$。

④ 由于有向连通图 G 存在多个生成树,故图 G 的基本割集矩阵也不是唯一的,对应有多个基本割集矩阵,只不过这些基本割集矩阵之间是线性相关的,故在应用时只需列出一个基本割集矩阵即可。

1.2.5 图的三个基本矩阵间的关系

对于一个有向连通图 G,其基本关联矩阵 $\boldsymbol{B}$、基本回路矩阵 $\boldsymbol{C}$ 和基本割集矩阵 $\boldsymbol{S}$ 从不同角度描述了图 G 的结构特点。因此,它们之间必然存在着某种联系。考虑到图的矩阵与图的生成树有密切的联系,故统一将矩阵 $\boldsymbol{B}$、$\boldsymbol{C}$、$\boldsymbol{S}$ 均按余树弦子阵在前、生成树树枝子阵在后进行分块,以便于矩阵之间换算公式的推导。

（1）基本关联矩阵与基本回路矩阵的关系

对于一个 (m, n) 有向连通图,基本关联矩阵 $\boldsymbol{B} = (b_{ij})_{(m-1) \times n}$ 和基本回路矩阵 $\boldsymbol{C} = (c_{ij})_{(n-m+1) \times n}$ 之间存在如下关系:

$$\boldsymbol{B} \boldsymbol{C}^{\mathrm{T}} = 0 \qquad (1\text{-}7)$$

证明:设 $\boldsymbol{D} = \boldsymbol{B} \boldsymbol{C}^{\mathrm{T}} = (d_{ij})_{(m-1) \times (n-m+1)}$,则

$$d_{ij} = \sum_{k=1}^{n} b_{ik} c_{jk}$$

根据矩阵元素 b_{ik} 和 c_{jk} 的含义,乘积 $b_{ik} c_{jk} \neq 0$,当且仅当边 e_k 和节点 v_i 关联,且在回路 C_j 中。如果节点 v_i 在回路 C_j 中,则与 v_i 关联的边必然成对出现在回路中,设其中的一对边是 e_{k1} 和 e_{k2},此时乘积 $b_{ik1} c_{jk1}$ 和 $b_{ik2} c_{jk2}$,而且当 e_{k1} 和 e_{k2} 相邻接时,有 c_{jk1} 和 c_{jk2} 异号,而 c_{jk1} 和 c_{jk2} 同号;反之,若 e_{k1} 和 e_{k2} 不相邻接时,有 b_{ik1} 和 b_{ik2} 同号,而 c_{jk1} 和 c_{jk2} 异号。又由于 $\boldsymbol{B}$、$\boldsymbol{C}$ 矩阵元素的绝对值均为 1,所以不管 e_{k1} 和 e_{k2} 是否邻接,总有:

$$b_{ik1}c_{jk1} + b_{ik2}c_{jk2} = 0$$

对回路 C_j 中的每一节点 v_i 进行类似的分析,即得

$$d_{ij} = \sum_{k=1}^{n} b_{ik}c_{jk} = 0$$

所以,式(1-7)成立,它表明了矩阵 $\boldsymbol{B}$ 的行向量与矩阵 $\boldsymbol{C}$ 的行向量正交。

进一步,将基本关联矩阵 $\boldsymbol{B}$ 分为两个子块,一个是余树弦在前排成的 $(m-1)\times(n-m+1)$ 子块矩阵 $\boldsymbol{B}_{11}$,另一个是生成树在后排成的 $m-1$ 阶子块方阵 $\boldsymbol{B}_{12}$,即 $\boldsymbol{B}=(\boldsymbol{B}_{11},\boldsymbol{B}_{12})$。同样,将基本回路矩阵 $\boldsymbol{C}$ 也分为一个 $n-m+1$ 阶单位矩阵 $\boldsymbol{I}_C$ 和一个 $(n-m+1)\times(m-1)$ 子块矩阵 $\boldsymbol{C}_{12}$,即 $\boldsymbol{C}=(\boldsymbol{I}_C,\boldsymbol{C}_{12})$,并将其代入式(1-7)中:

$$\boldsymbol{BC}^T = (\boldsymbol{B}_{11},\boldsymbol{B}_{12})\begin{bmatrix}\boldsymbol{I}_C\\\boldsymbol{C}_{12}^T\end{bmatrix} = \boldsymbol{B}_{11} + \boldsymbol{B}_{12}\boldsymbol{C}_{12}^T = 0$$

由于 $\det(\boldsymbol{B}_{12})\neq0$,即 $\boldsymbol{B}_{12}^{-1}$ 存在,经矩阵换算可得:

$$\boldsymbol{C}_{12}^T = -\boldsymbol{B}_{12}^{-1}\boldsymbol{B}_{11}$$
$$\boldsymbol{C}_{12} = -\boldsymbol{B}_{11}^T(\boldsymbol{B}_{12}^{-1})^T \tag{1-8}$$

即已知一个有向连通图的基本关联矩阵,可由式(1-8)求出基本回路矩阵。

(2) 基本回路矩阵与基本割集矩阵的关系

设一个 (m,n) 的有向连通图 G,在图 G 的边相同排列顺序下,图 G 的基本回路矩阵 $\boldsymbol{C}$ 和基本割集矩阵 $\boldsymbol{S}$ 之间存在如下关系:

$$\boldsymbol{CS}^T = 0 \tag{1-9}$$

证明:设 $\boldsymbol{W}=\boldsymbol{CS}^T=(w_{ij})_{(n-m+1)\times(m-1)}$,则

$$w_{ij} = \sum_{k=1}^{n} c_{ik}s_{jk}$$

根据矩阵元素 c_{ik} 和 s_{jk} 的含义,乘积 $c_{ik}s_{jk}\neq0$,当且仅当边 e_k 既在回路 C_i 又在割集 S_j 中。如图 1-21 所示,割集 S_j 将图 G 的节点集合 V 分成两个互不相交的子集 $V^{(1)}$、$V^{(2)}$,假如从 $V^{(1)}$ 中的任一节点出发,沿着回路 C 移动,若 C 不包含 $V^{(2)}$ 中的节点,那么将始终在 $V^{(1)}$ 中移动;若 C 包含有 $V^{(2)}$ 中的节点,则将往返于 $V^{(1)}$、$V^{(2)}$ 之间偶数次方能形成闭合回路。因此,图 G 的某一割集 S 若与某一回路 C 有公共的边,则公共的边数必然为偶数。

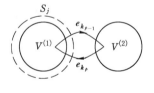

图 1-21

现设回路 C_i 与割集 S_j 有 $2l$ 条公共的边,记为 $e_{k_1},e_{k_2},\cdots,e_{k_{2l}}$。则矩阵 $\boldsymbol{C}$ 的第 i 行向量与矩阵 $\boldsymbol{S}$ 的第 j 行向量的内积为:

$$\sum_{k=1}^{n} c_{ik}s_{jk} = \sum_{p=1}^{2l} c_{ik_p}s_{jk_p} \tag{1-10}$$

下面分两种情况对式(1-10)进行分析:

① 若边 $e_{k_{p-1}}$,e_{k_p} 与割集 S_j 同为顺向(或逆向),即 $s_{jk_{p-1}}=s_{jk_p}$ 时,两边必有一条与回路 C_i 顺向而另一条为逆向,即 $c_{ik_{p-1}}=-c_{ik_p}$。因而:

$$c_{ik_{p-1}}s_{jk_{p-1}} = -c_{ik_p}s_{jk_p} \tag{1-11}$$

② 若边 $e_{k_{p-1}}$,e_{k_p} 与割集 S_j 不同为顺向(或逆向),两边必与回路 C_i 同为顺向(或逆向),即 $c_{ik_{p-1}}=c_{ik_p}$,$s_{jk_{p-1}}=-s_{jk_p}$。故式(1-11)仍然成立。

将式(1-11)代入式(1-10),可得:

$$\sum_{k=1}^{n} c_{ik} s_{jk} = \sum_{p=1}^{2l} c_{ik_p} s_{jk_p} = 0 \tag{1-12}$$

即式(1-9)成立。它表明矩阵 $\boldsymbol{S}$ 行向量与矩阵 $\boldsymbol{C}$ 行向量也存在正交关系。

进一步,将基本割集矩阵 $\boldsymbol{S}$ 也分为一个余树弦对应的 $(m-1)\times(n-m+1)$ 子块矩阵 $\boldsymbol{S}_{11}$,另一个是生成树对应的 $m-1$ 阶单位矩阵 $\boldsymbol{I}_S$,即 $\boldsymbol{S}=(\boldsymbol{S}_{11},\boldsymbol{I}_S)$。

将分块矩阵代入式(1-9),可得:

$$\boldsymbol{CS}^T = (\boldsymbol{I}_C \quad \boldsymbol{C}_{12}) \begin{pmatrix} \boldsymbol{S}_{11}^T \\ \boldsymbol{I}_S \end{pmatrix} = \boldsymbol{S}_{11}^T + \boldsymbol{C}_{12} = 0$$

$$\boldsymbol{S}_{11} = -\boldsymbol{C}_{12}^T = \boldsymbol{B}_{12}^{-1}\boldsymbol{B}_{11} \tag{1-13}$$

由此可见,当已知图的基本关联矩阵 $\boldsymbol{B}$ 或基本回路矩阵 $\boldsymbol{C}$,可由式(1-13)求得基本割集矩阵 $\boldsymbol{S}$。

1.3　生成树与基本回路的选择算法

在通风网络分析中,生成树具有非常重要的作用,很多通风网络问题的解决,都是在已知网络图的一棵树的前提下进行的。本节将介绍与通风网络分析密切相关的生成树选择和回路选择方法。

1.3.1　生成树选择算法

生成树选择算法有许多种,最著名的算法是克鲁斯卡尔(Kruskal)算法,该算法是所有生成树算法中最简单,运算速度最快的方法。

（1）克鲁斯卡尔算法的基本思想

将图去边留点,在图中任取一条边 e_1,找一条不与 e_1 构成回路的边 e_2 加入,然后再找一条不与 $\{e_1,e_2\}$ 构成回路的边 e_3 加入,如此继续,直到此过程不能进行,这时所得的图就是一棵生成树。若按边权从小到大的顺序加入边,则可得一最小生成树;若按边权从大到小的顺序加入边,则得最大生成树;若任意加入边,则得一任意树。

（2）克鲁斯卡尔算法的步骤

设有向连通图 G 是一个 (m,n) 图,已知边始末节点数组分别为 J1$[n]$ 和 J2$[n]$,给边引入一个生成树和余树的标记数组 OUT$[n]$,其中边 i 为余树弦时标记 OUT$[i]=1$,而边 i 为树枝时标记 OUT$[i]=0$。另外,给节点也引入一个关于所在子图编号的标记数组 JC$[m]$,JC$[j]=L(j=1,2,\cdots,m)$,初始令 $L=0$。

克鲁斯卡尔算法的步骤如下:

① 从有向图 G 中任取一条边 e_i,首先获得该边的始末节点号 JA=J1$[i]$,JB=J2$[i]$,OUT$[i]=0$。

② 若新添边 e_i 始末节点的子图编号 L 值相同且为零,即 JC[JA]=JC[JB]=0,则开辟一个新子图,该子图只有新添的边 e_i,其子图编号 $L=L+1$,并更新该边 e_i 始末节点的 L 值,即 JC[JA]=JC[JB]=L。

③ 若新添边 e_i 的始节点的 JC[JA] 值大于末节点的 JC[JB] 值,且 JC[JB]=0,则表示某

子图新增加一边,此时应将边e_i始节点的L值赋给末节点,即JC[JB]=JC[JA]。

④ 若新添边e_i的始节点的JC[JA]值为零且小于末节点的JC[JB]值,则表示某子图新增加一边e_i,并将该边末节点的L值赋给始节点,即JC[JA]=JC[JB]。

⑤ 若新添边e_i始末两节点的JC[JA]和JC[JB]值不相等又均不为零,即该边e_i的始末节点分别处于两个不同的子图中。在这种情况下应将该边e_i始节点的JC[JA]值赋给末节点所在子图中的所有节点,实现两子图的合并。

⑥ 若新添边e_i始末节点的L值不为零且相等,即JC[JA]=JC[JB]≠0,则在一个子图内构成回路,确定该边e_i为余树弦,令OUT[i]=1。

⑦ 重复上述步骤,直到所有边都加过后,OUT[i]=0的边构成一棵生成树,而OUT[i]=1的边构成余树。

[**例1-1**]　图1-22所示的有向强连通赋权图,各边权值升序排列为:9,8,7,…,1,试按边权值从小到大选择一棵最小生成树。

解:该图的最小生成树选择步骤如下:

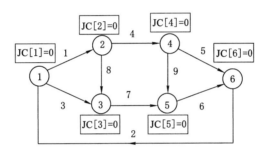

图1-22　有向强连通图

① 给每个节点做初始标记$L=0$,且JC[i]=L=0,i=1,2,…,6,如图1-22所示;

② 添加第1条边9,其始末节点(J1[9]=4、J2[9]=5)的标记值JC[4]=JC[5]=0,即开辟一个新子图,该子图只有新添的边9,其子图编号$L=L+1=1$,且JC[4]=JC[5]=L=1,如图1-23所示;

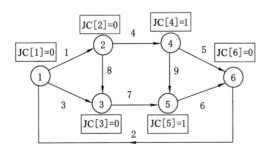

图1-23　添加分支9为树枝

③ 添加第2条边8,其始末节点(J1[8]=2、J2[8]=3)的标记值JC[2]=JC[3]=0,即又开辟一个新子图,该子图只有新添的边8,其子图编号$L=L+1=2$,且JC[2]=JC[3]=L=2,如图1-24所示;

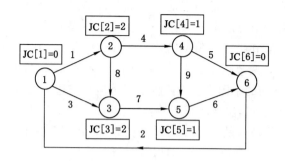

图 1-24　添加分支 8 为树枝

④ 添加第 3 条边 7,其始节点 JC[3]＝2 不等于末节点 JC[5]＝1 又均不为零,则该边的始末节点分别处于两个不同的子图中,此时应将该边始节点的 L 值赋给末节点所在子图中的所有节点,即 JC[4]＝JC[5]＝2,实现两子图的合并,如图 1-25 所示;

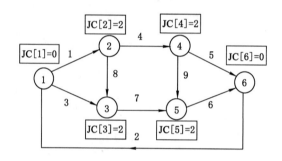

图 1-25　添加分支 7 为树枝

⑤ 添加第 4 条边 6,其始节点标记值 JC[5]＝2 大于末节点的 L 值,且末节点 JC[6]＝0,表示边 6 以始节点 5 与 2 号子图相连,即子图 2 新增加边 6,此时将边 6 始节点的 L 值赋给末节点,即 JC[6]＝L＝2,如图 1-26 所示;

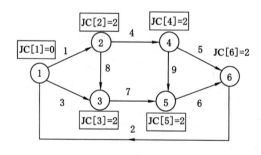

图 1-26　添加分支 6 为树枝

⑥ 添加第 5 条边 5,其始末节点的 L 值均不为零且相等,即在一个子图内构成回路,即边 5 为余树弦,如图 1-27 所示;

⑦ 添加第 6 条边 4,其始末节点的 L 值均不为零且相等,即在一个子图内构成回路,即边 4 为余树弦,如图 1-28 所示;

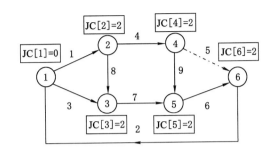

图 1-27　添加分支 5 为余树分支

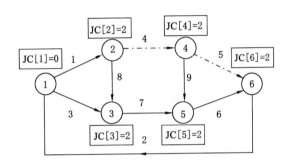

图 1-28　添加分支 4 为余树分支

⑧ 添加第 7 条边 3，其末节点标记值 JC[3]＝2 大于始节点的 L 值，且始节点 JC[1]＝0，表示边 3 以末节点 3 与 2 号子图相连，即子图 2 新增加边 3，此时将边 3 末节点的 L 值赋给始节点，即 JC[1]＝L＝2，如图 1-29 所示；

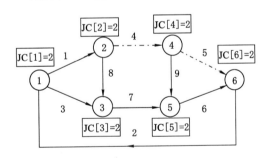

图 1-29　添加分支 3 为树枝

⑨ 添加第 8 条边 2，其始末节点（J1[2]＝6、J2[2]＝1）的 L 值均不为零且相等（JC[1]＝JC[6]＝2），即在一个子图内构成回路，即边 2 为余树弦，如图 1-30 所示；

⑩ 添加第 9 条边 1，其始末节点（J1[1]＝1、J2[1]＝2）的 L 值均不为零且相等（JC[1]＝JC[2]＝2），即在一个子图内构成回路，即边 1 为余树弦，如图 1-31 所示。

由上述算法得到图 G 中各边 i 对应的 OUT[i] 值，即可得到最小生成树为 T＝{9,8,7,6,3}，其对应的余树为 $\overline{T}$＝{1,2,4,5}。

上述算法流程如图 1-32 所示。

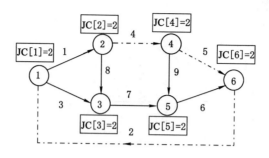

图 1-30 添加分支 2 为余树分支

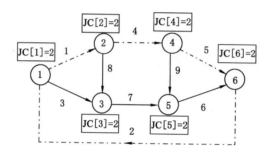

图 1-31 添加分支 1 为余树分支

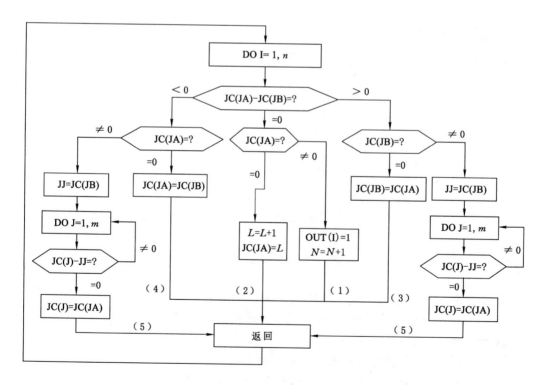

图 1-32 克鲁斯卡尔算法搜索生成树流程图

1.3.2 基本回路选择算法

基本回路组的选择是以生成树为基础,基本回路组要解决的问题是对每一个余树弦找出与其构成回路的树枝,并确定各树枝方向与回路方向的关系。生成树的记录方式不同,基本回路的算法也不同。下面介绍一种基于深度优先搜索法的基本回路选择算法。

（1）基本思想

在克鲁斯卡尔算法中,按分支的排列顺序依次检查和确定了每条边是树枝还是余树弦,由于每条余树弦必然与某些树枝构成回路,因此在寻找回路时,只需对树枝进行搜索。将每条余树弦作为链的第一条边,初始时链的始终点为余树弦的始末节点,每个基本回路的寻找都是从某一余树弦的末节点开始,然后,按边某种排列顺序找一条与该链终点相连的未连接过树枝,并将该树枝的另一端点作为当前链的终点,即链得到延长,并对该树枝做出连接过标记,判断该链的始终点是否重合,如果重合,则形成闭合链,即回路,结束搜索;否则重复这一过程,直到形成回路为止。如果在上述过程中,所有的树枝都尝试过,链仍无法闭合,则对该链终点进行逐步回溯,即删除当前链的最后一条树枝,链的终点后移一个,再重复上述过程,最后总能找出一条与该余树弦对应的闭合链,即一个基本回路。

（2）算法步骤

根据上述基本思想,设某一余树弦的末节点为 k,则具体算法如下:

① 取一条余树弦作为链,令该链的终点 $E=k$。

② 找一条关联到 E 且没有连接过的树枝 e_j,树枝 e_j 的另一端点是节点 v,记录树枝 e_j,当 e_j 的方向与回路方向相同时,记录为 $+e_j$,相反时记录 $-e_j$,并记录该树枝已连接过。如果没有这样的树枝,则进行第⑤步。

③ 检查 v 是否为余树弦的始节点 S,如果是,则找到一条基本回路,并将所有连接过的树枝重新记录成未连接过,转步骤⑥;如果不是,则进行下一步④。

④ 令 $E=v$,返回第②步。

⑤ 沿着刚才到达 E 的路线,后退一个节点到 u 点,并将与 E、u 两节点关联的边 e_j 去掉,即从记录中删除 e_j（或 $-e_j$）,再令 $E=u$,返回第②步。

⑥ 当所有余树弦都已找到相应的基本回路时,则结束搜索;否则转步骤①,重复上述过程。

[例 1-2] 对于图 1-22 所示的有向连通图,各边权值升序排列为:9,8,7,…,1,当采用克鲁斯卡尔算法确定了最小生成树为 $T=\{9,8,7,6,3\}$,其对应的余树为 $\bar{T}=\{5,4,2,1\}$,试用深度优先搜索法确定基本回路。

解:首先引入两个一维数组保存回路信息:一个是记录各基本回路所含边的数组 NA[JK],另一个是记录各基本回路所含边累加数的数组 ME[L]。然后,按上述深度优先搜索法寻找基本回路,其步骤如下:

① 令回路累加数 $L=0$,回路含边累加数 $JK=0$,取一条余树弦 5 作为链,其始点 $S=4$,$JK=JK+1$,$JK=1$,$NA[1]=5$,由其终点 $E=6$ 出发,从 $OUT[i]=0$ 的边中依次选择与链终点 6 关联的树枝 6,如果 $J2[6]=6$,则 $JK=JK+1$,$JK=2$,$NA[2]=6$,令 $OUT[6]=1$,

$v=\mathrm{J}1[6]=5$。

② 由于 v 不是余树弦 5 的始节点 4,故令链的终点 $E=v=5$。

③ 由当前链终点 $E=5$ 出发,从 $\mathrm{OUT}[i]=0$ 的边中依次选择与链终点 5 关联的树枝 9,如果 $\mathrm{J}2[9]=5$,则 $\mathrm{JK}=\mathrm{JK}+1$,$\mathrm{JK}=3$,$\mathrm{NA}[3]=9$,令 $\mathrm{OUT}[9]=1$,$v=\mathrm{J}1[9]=4$。

④ 由于 $v=S=4$,链的始终节点重合,即找出了一个基本回路,故令 $L=L+1$,$L=1$,$\mathrm{ME}[1]=\mathrm{JK}=3$。并将所有树枝 $\mathrm{OUT}[i]=1$ 恢复为 $\mathrm{OUT}[i]=0$。

⑤ 取第 2 条余树弦 4 作为链,其始点 $S=2$,$\mathrm{JK}=\mathrm{JK}+1$,$\mathrm{JK}=4$,$\mathrm{NA}[4]=4$,由链终点 $E=4$ 出发,从 $\mathrm{OUT}[i]=0$ 的边中依次选择与链终点 4 关联的树枝 9,如果 $\mathrm{J}1[9]=4$,则 $\mathrm{JK}=\mathrm{JK}+1$,$\mathrm{JK}=5$,$\mathrm{NA}[5]=9$,令 $\mathrm{OUT}[9]=1$,$v=\mathrm{J}2[9]=5$;由于 v 不是余树弦 4 的始节点 2,故令链的终点 $E=v=5$。

⑥ 由当前链终点 $E=5$ 出发,从 $\mathrm{OUT}[i]=0$ 的边中依次选择与链终点 5 关联的树枝 7,如果 $\mathrm{J}2[7]=5$,则 $\mathrm{JK}=\mathrm{JK}+1$,$\mathrm{JK}=6$,$\mathrm{NA}[6]=7$,令 $\mathrm{OUT}[7]=1$,$v=\mathrm{J}1[7]=3$;由于 v 不是余树弦 4 的始节点 2,故令链的终点 $E=v=3$。

⑦ 由当前链终点 $E=3$ 出发,从 $\mathrm{OUT}[i]=0$ 的边中依次选择与链终点 3 关联的树枝 8,如果 $\mathrm{J}2[8]=3$,则 $\mathrm{JK}=\mathrm{JK}+1$,$\mathrm{JK}=7$,$\mathrm{NA}[7]=8$,令 $\mathrm{OUT}[8]=1$,$v=\mathrm{J}1[8]=2$。

⑧ 由于 $v=S=2$,链的始终节点重合,即找出了一个基本回路,故令 $L=L+1$,$L=2$,$\mathrm{ME}[2]=\mathrm{JK}=7$。并将所有树枝 $\mathrm{OUT}[i]=1$ 恢复为 $\mathrm{OUT}[i]=0$。

⑨ 取第 3 条余树弦 2 作为链,其始点 $S=6$,$\mathrm{JK}=\mathrm{JK}+1$,$\mathrm{JK}=8$,$\mathrm{NA}[8]=2$,由链终点 $E=1$ 出发,从 $\mathrm{OUT}[i]=0$ 的边中依次选择与链终点 1 关联的树枝 3,如果 $\mathrm{J}1[3]=1$,则 $\mathrm{JK}=\mathrm{JK}+1$,$\mathrm{JK}=9$,$\mathrm{NA}[9]=3$,令 $\mathrm{OUT}[3]=1$,$v=\mathrm{J}2[3]=3$;由于 v 不是余树弦 2 的始节点 6,故令链的终点 $E=v=3$。

⑩ 由当前链终点 $E=3$ 出发,从 $\mathrm{OUT}[i]=0$ 的边中依次选择与链终点 3 关联的树枝 8,如果 $\mathrm{J}2[8]=3$,则 $\mathrm{JK}=\mathrm{JK}+1$,$\mathrm{JK}=10$,$\mathrm{NA}[10]=8$,令 $\mathrm{OUT}[8]=1$,$v=\mathrm{J}1[8]=2$;由于 v 不是余树弦 2 的始节点 6,故令链的终点 $E=v=2$。

⑪ 由当前链终点 $E=2$ 出发,从 $\mathrm{OUT}[i]=0$ 的边中找不到与链终点 2 相关联的树枝,故沿刚才到达 E 的路线,后退一个节点,链终点回到节点 $E=3$,并从 NA 数组中删除最后一条边 $\mathrm{NA}[10]$,即当前 $\mathrm{JK}=\mathrm{JK}-1$,$\mathrm{JK}=9$,$\mathrm{NA}[9]=3$。

⑫ 由当前链终点 $E=3$ 出发,从 $\mathrm{OUT}[i]=0$ 的边中依次选择与链终点 3 关联的树枝 7,如果 $\mathrm{J}1[7]=3$,则 $\mathrm{JK}=\mathrm{JK}+1$,$\mathrm{JK}=10$,$\mathrm{NA}[10]=7$,令 $\mathrm{OUT}[7]=1$,$v=\mathrm{J}2[7]=5$;由于 v 不是余树弦 2 的始节点 6,故令链的终点 $E=v=5$。

⑬ 由当前链终点 $E=5$ 出发,从 $\mathrm{OUT}[i]=0$ 的边中依次选择与链终点 5 关联的树枝 9,如果 $\mathrm{J}2[9]=5$,则 $\mathrm{JK}=\mathrm{JK}+1$,$\mathrm{JK}=11$,$\mathrm{NA}[11]=9$,令 $\mathrm{OUT}[9]=1$,$v=\mathrm{J}1[9]=4$;由于 v 不是余树弦 2 的始节点 6,故令链的终点 $E=v=4$。

⑭ 由当前链终点 $E=4$ 出发,从 $\mathrm{OUT}[i]=0$ 的边中找不到与链终点 4 相关联的树枝,故沿刚才到达 E 的路线,后退一个节点,链终点回到节点 $E=5$,并从 NA 数组中删除最后一条边 $\mathrm{NA}[11]$,即当前 $\mathrm{JK}=\mathrm{JK}-1$,$\mathrm{JK}=10$,$\mathrm{NA}[10]=7$。

⑮ 由当前链终点 $E=5$ 出发,从 $\mathrm{OUT}[i]=0$ 的边中依次选择与链终点 5 关联的树枝

6,如果 J1[6]=5,则 JK=JK+1,JK=11,NA[11]=6,令 OUT[6]=1,v=J2[6]=6。

⑯ 由于 v=S=6,链的始终节点重合,即找出了一个基本回路,故令 $L=L+1$,$L=3$,ME[3]=JK=11。并将所有树枝 OUT[i]=1 恢复为 OUT[i]=0。

⑰ 取第 4 条余树弦 1 作为链,按上述深度优先搜索法,可得 NA[12]=1,NA[13]=8,NA[14]=3,$L=L+1$,$L=4$,ME[4]=JK=14。

1.3.3 生成树总数目的计算

（1）生成树的总数目

图的生成树不是唯一的,对于 m 阶完全图,其生成树的总数目 n_T 可用下式计算：

$$n_T = m^{(m-2)} \tag{1-14}$$

对于任意连通图 G,其生成树的总数 n_T 与图 G 的基本关联矩阵 $\boldsymbol{B}$ 有关,可用下式计算：

$$n_T = \det(\boldsymbol{B} \cdot \boldsymbol{B}^{\mathrm{T}}) \tag{1-15}$$

式中 $\boldsymbol{B}^{\mathrm{T}}$ 为基本关联矩阵 $\boldsymbol{B}$ 的转置矩阵,"det"为行列式运算符号。

例如,对于图 1-33 所示的有向连通图 G,其对应于参考节点 v_4 的基本关联矩阵为：

$$\boldsymbol{B} = \begin{pmatrix} -1 & 1 & 1 & 0 & 0 & 0 \\ 0 & -1 & 0 & 1 & 1 & 0 \\ 0 & 0 & -1 & -1 & 0 & 1 \end{pmatrix}$$

$$\boldsymbol{B} \cdot \boldsymbol{B}^{\mathrm{T}} = \begin{pmatrix} -1 & 1 & 1 & 0 & 0 & 0 \\ 0 & -1 & 0 & 1 & 1 & 0 \\ 0 & 0 & -1 & -1 & 0 & 1 \end{pmatrix} \cdot \begin{pmatrix} -1 & 0 & 0 \\ 1 & -1 & 0 \\ 1 & 0 & -1 \\ 0 & 1 & -1 \\ 0 & 1 & 0 \\ 0 & 0 & 1 \end{pmatrix} = \begin{pmatrix} 3 & -1 & -1 \\ -1 & 3 & -1 \\ -1 & -1 & 3 \end{pmatrix}$$

$$n_T = \det(\boldsymbol{B} \cdot \boldsymbol{B}^{\mathrm{T}}) = \begin{vmatrix} 3 & -1 & -1 \\ -1 & 3 & -1 \\ -1 & -1 & 3 \end{vmatrix} = 16$$

对于这样简单的有向连通图 G,可直观找出其全部 16 棵互异生成树,如图 1-33 所示。

（2）求全部生成树的算法

设 $\boldsymbol{B}$ 为有向连通图 G 的基本关联矩阵,若对应于 $\boldsymbol{B}$ 再构造一个矩阵 $\boldsymbol{B}^e$,即将 $\boldsymbol{B}$ 中非零元素以其对应边 e_j 代替,其中：

$$b_{ij}^e = \begin{cases} e_j & \text{若 } b_{ij}=1; \\ -e_j & \text{若 } b_{ij}=-1; \\ 0 & \text{若 } b_{ij}=0。 \end{cases}$$

则行列式 $\det(\boldsymbol{B}^e \cdot \boldsymbol{B}^{\mathrm{T}})$ 就可给出图 G 的全部生成树,该行列式展开后,每一项就代表了一棵互异的生成树。

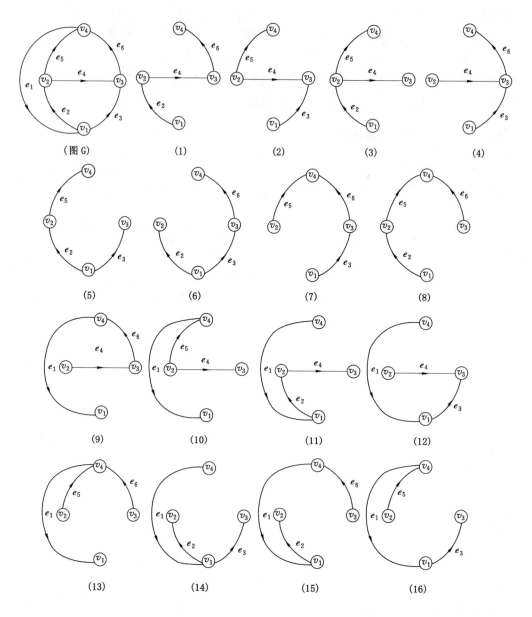

图 1-33 有向连通图 G 全部互异的生成树图解

思考与练习题

1-1 图论中图是如何定义的？它有几种表示方法？

1-2 试述图中邻接、关联、度的含义。

1-3 图 G 的子图、真子图、生成子图有何区别？

1-4 链、简单链、基本链有何区别？

1-5 通路、简单通路、基本通路有何区别？

1-6 回路、基本回路有何区别?

1-7 试述连通图、强连通图的含义。

1-8 树是如何定义的? 何谓图的生成树?

1-9 图的生成树的树枝数与图的节点数、余树弦数、基本回路数有何关系?

1-10 试述连通图的割点、割边、割集的异同点。

1-11 试述克鲁斯卡尔法求最小生成树的思路与步骤。

1-12 试述深度优先搜索法选择基本回路的思路与步骤。

1-13 试找出题图 1-1 所示通风网络的一棵生成树,写出节点邻接矩阵,并按余树分支排在前、生成树分支排在后的顺序写出基本关联矩阵、基本割集矩阵和基本回路矩阵,并验证基本关联矩阵与基本回路矩阵,以及基本回路矩阵与基本割集矩阵的关系是否成立。

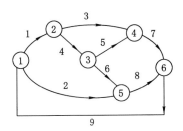

题图 1-1

2 通风网络

通风网络是由表示通风系统内各风流路线及其分合关系的网状线路图与其赋权通风参数组成的。将通风系统抽象为通风网络、进行通风系统分析,是研究通风系统的重要手段和方法。正确地绘制通风网络图是进行通风网络分析的前提,掌握通风网络内风流流动的基本定律和通风网络解算的数学模型是进行通风网络分析的基础。

2.1 通风网络及其图形表示

2.1.1 通风网络的定义

通风网络是由通风系统按图论定义派生而来,即将通风系统中的风流分汇点作为节点,两节点相连的风道作为分支,将通风机表示为附加在分支上的动力元件,调节风窗表示为分支上的附加阻力元件。为了分析通风网络中风流流动特性,必须给分支赋以相应的物理量,如分支的方向、风阻、风量和阻力等属性参数。由通风系统中节点集合与反映节点间关系的分支集合所构成的有向赋权图,称为通风网络。它完整地描述了通风系统的风流结构及其属性。

在通风网络中,每条分支均表示一段风道的有向线段,线段的方向代表风道中的风流方向,线段通常画成直线或弧线。每条分支对应一个编号,称为分支号,如图 2-1 中的 $\{e_1, e_2, \cdots, e_9\}$。若分支并不表示实际存在的风道,如连接风机出风口与风网进风口的大气连通分支,则称为假分支,其风阻值为零,常用虚线表示,如图 2-1 中的分支 e_9。

风网图 G 中的节点表示两条或两条以上风道的交点。每个节点也对应一个编号,称为节点号,在图中常用黑圆点或圆圈表示节点,如图 2-1 中的 $\{v_1, v_2, \cdots, v_7\}$。根据风流方向,每条风道均有相应的始、末节点。始节点为风道入风侧端点,末节点为风道出风侧端点。

2.1.2 通风网络图的绘制

通风系统图和网络图是通风工程技术管理必不可少的图纸资料,它直观地描述了通风网络、通风设施的布置、通风方式与方法、进风与回风系统等。

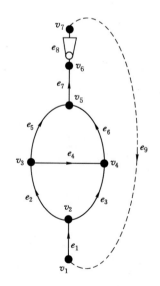

图 2-1　通风网络图

通风系统往往是复杂的立体结构,其风道繁多,且纵横交错、上下重叠。通风系统分有静态和动态两种,一般工业上常见通风系统或流体管网系统,在它建好后一般固定不变,可视为一个静态的系统,而矿井通风系统随着生产的发展、采掘地点随之移动和搬迁,需经常变化和调整,它是一个动态系统。为了更好地进行通风设计与管理,便于分析通风系统的状况,人们通常以图形的方式直观地描述通风系统和通风网络。

常用的通风图形有三种:

① 通风系统图。是以按比例绘制的风道系统布置平面图为基图,在此图上标注通风机、通风设施、风流方向、风量、风速等,可用单线或双线表示,以反映各风流的平面位置与分合关系。对于矿井通风系统而言,需要随采掘变化定期填图和修改。

② 通风系统立体示意图。是反映通风系统内各风流空间相对位置和分合关系的一种示意图,一般不要求严格按比例绘制。该图立体感强,可以在一个图中清晰地表示出多层次重叠布置的情况,风流空间关系直观。

③ 通风网络图。根据通风系统图所描述的各风流分合关系,经抽象化表示的单线条网络状示意图。它不同于通风系统图与立体示意图,属于图论中有向强连通赋权图的模型。通风网络图的形状不是唯一的,为了能够清楚地反映各风流间的连接关系,把通风系统的结构表达得更简单明了,图可以变形,只要保持图的同构性即可。

(1) 通风网络图的绘制原则

通风网络图绘制的一般原则如下:

① 用风地点并排布置在网络图的中部,进风节点位于其下部,而回风节点位于其上部。风机出口节点在最上部。

② 分支方向基本都应由下至上,或由左向右。

③ 分支间的交叉尽可能少。

④ 节点与节点之间应有一定的间距。

⑤ 网络图总体形状基本为"椭圆"形。

(2) 简化原则

对于矿井通风系统,按其全部风流分合给出的通风网络图,往往过于复杂,根据问题的需要,可进行适当简化。简化后通风网络图的结构,必须能正确地反映出原通风系统的基本结构特点。因简化而导致的误差,应在通风工程允许误差范围内。简化多在矿井的进风区、回风区和非重要研究的部位。

(3) 简化内容

① 在实际通风系统中相近的风流分合点,其间阻力很小时,可并为一个节点。对于阻力很小的局部风网,也可并为一个节点。

② 将局部风网以一条等效分支代替,其等效风阻 R 用局部风网总阻力 h 除以总风量 q 的平方,即 $R = h/q^2$ 来求算。例如,研究多风机系统中某风机系统内通风问题时,其他风机专用系统可用等效分支代替。

③ 局部通风机对独头用风筒进行通风,当局部通风机进(出)口与独头出(进)口相距较近时,其风流可视为一个圈,不予画出。

④ 一些漏风量很小的通风构筑物所在分支、封闭区域等可视为断路,在通风网络图中可不画出。

（4）绘制方法与步骤

① 节点编号。即将风流分合点作为节点加以编号。对于多进风口和多出风口的通风系统,每个进风口和出风口都作为一个大气节点也要加以编号。编号顺序通常是沿风流方向从小到大。节点编号不能重复。

② 分支连线。即将有风流连通的节点用单线条连接。先连主干风路,后连支路。在任何一个通风系统中,当存在多个进风口和多个出风口时,以标高最高的进(出)风口作为总进(出)风节点,从总进风口节点至其他各进风口节点连接成进风大气连通分支,而从其他各出风口节点至总出风口节点连接成出风大气连通分支,最后将总出风口节点与总进风口节点用一条总大气连通分支连接起来,那么总可以形成"一源一汇"强连通的通风网络图。为便于区分,实际存在的风道用实线表示,大气节点间的连通分支(假分支)用虚线表示。

③ 图形整理。通风网络图形状不唯一,习惯上可画成椭圆形、圆形或框形。绘制复杂通风系统的网络图,需先画草图和框架,再经过整理变形,才能完成。通常,把进风系统布置在图的下部,将回风系统布置在图的上部,把用风区放在图的中央位置,沿风网图横向,把各风机系统、各翼尽可能画在对称位置上,将各用风点布置成一横排。要将风流的连接关系清楚地表达出来。利用点可位移,边可变形、翻转的特点,尽量避免或减少交叉分支的出现,使其成为一个含交叉分支最少、简明清晰的通风网络图。

④ 标注。最后标注各分支的风向、主要通风机、用风地点、通风设施等,并以图例说明。

按上述步骤对矿井通风系统实例样图进行风流分合节点编号,如图 2-2(a)所示,由此绘制的通风网络图如图 2-2(b)所示。

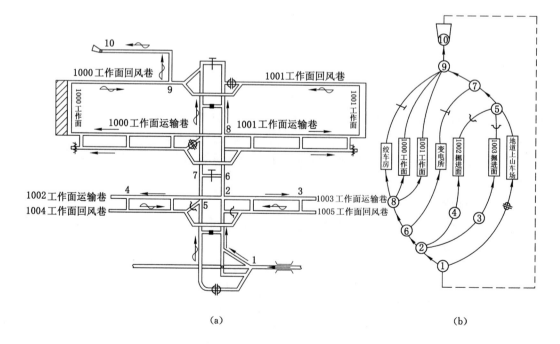

(a)　　　　　　　　　　　　(b)

图 2-2　矿井通风系统图与网络图

2.2 通风网络风流流动基本定律

2.2.1 风道通风阻力定律

（1）风流流态

风流流动时的流态有两种：一种是层流流动，其特征是各层间气体互不混合，气体质点流动的轨迹为直线。在流速很小，管径很小或黏性较大的流体流动时会呈现层流；另一种是紊流流动，其特征是各部分流体强烈地互相混合，流体质点的轨迹极不规则，除了有沿总流方向的位移外，还有垂直于总流方向的位移，流体内部存在着时而产生时而消灭的漩涡。在通风井巷或管道中，绝大部分的风流处于紊流状态。

流体的流态与无因次的雷诺数有关，雷诺数与流速、管径和流体黏度有关，其表达式如下：

$$Re = \frac{vd}{\nu} \tag{2-1}$$

式中　Re——雷诺数；

　　　v——流速，m/s；

　　　d——圆管直径，m；

　　　ν——流体运动黏性系数，m^2/s。

当 $Re < 2\ 320$ 时，流动处于层流状态；当 $Re > 2\ 320$ 时，流动处于紊流状态。

（2）风道内的摩擦阻力

气体在风道内流动产生的摩擦阻力与风道内的流速及其内壁的粗糙度有关，通常都用 Darcy-Weisbach 公式计算：

$$h_m = \frac{\lambda L}{d} \frac{v^2 \rho}{2} \tag{2-2}$$

式中　h_m——摩擦阻力，Pa；

　　　λ——摩擦系数，无量纲；

　　　L——风道长度，m；

　　　v——气体流速，m/s；

　　　ρ——流体密度，kg/m^3；

　　　d——圆形风道直径，或非圆形风道的当量直径，m。

非圆形风道的当量直径 d 与风道的横断面积 S 和周长 U 的关系：

$$d = \frac{4S}{U} \tag{2-3}$$

由式(2-2)可以看出，计算摩擦阻力的关键在于确定各种风道在多种流态下的摩擦系数 λ，实验研究表明，风道摩擦系数与风流雷诺数 Re、风道内壁绝对粗糙度 K 和内径 d 有关，即：

$$\lambda = f(Re, K/d)$$

在通风管道中，风流的流动大多处于紊流过渡区。早在 1938 年 C.F.Colebrock 提出了计算此区内的摩擦系数的公式：

$$\frac{1}{\sqrt{\lambda}} = -2\lg\left(\frac{K}{3.71d} + \frac{2.51}{Re\sqrt{\lambda}}\right) \tag{2-4}$$

在矿井通风巷道中，风流的流动大多处于完全紊流区。在此区内，风道摩擦系数 λ 只与相对粗糙度有关，而与雷诺数无关，其经验公式为：

$$\lambda = \frac{1}{\left(1.74 + 2\lg\dfrac{d}{K}\right)^2} \tag{2-5}$$

而在层流区，风道摩擦系数 λ 只与雷诺数有关，而与相对粗糙度无关，其经验公式为：

$$\lambda = \frac{64}{Re}$$

（3）局部阻力

当风流在风道内的方向或流速发生改变都会或多或少产生涡流，形成局部阻力。试验表明，这些局部阻力与其中流速的平方成正比，即：

$$h_1 = \xi\frac{v^2\rho}{2} \tag{2-6}$$

式中　h_1——局部阻力，Pa；

　　　ξ——局部阻力系数，无量纲。

在通风管网中，局部阻力所造成的能量损失通常占较大的比例，在计算中必须予以考虑。局部阻力的种类繁多，形式各异，局部阻力系数可查有关通风设计手册。

（4）风道通风阻力定律

风网中风道通风阻力等于摩擦阻力与局部阻力之和。可按下式计算：

$$h_r = h_m + h_1 = \left(\frac{\lambda l}{d} + \xi\right)\frac{v^2\rho}{2} = \left(\frac{\lambda l}{d} + \xi\right)\frac{\rho}{2S^2}q^2 \tag{2-7}$$

令

$$R = \left(\frac{\lambda l}{d} + \xi\right)\frac{\rho}{2S^2} \tag{2-8}$$

式中　h_r——风道通风阻力，Pa；

　　　R——风道的风阻，N·s²/m⁸；

　　　q——流过风道的风量，m³/s；

　　　S——风道的横断面积，m²。

则式（2-7）可表示为：

$$h_r = Rq^2 \tag{2-9}$$

式（2-9）表示在紊流状态下，风道通风阻力与通过风道的风量平方成正比，或称此为风道阻力平方定律。考虑到分支风流是有方向性的，当假定风流风向与实际风流风向一致时，风量取正值，通风压降也为正值；相反时，风量为负值，通风压降也为负值。故将式（2-9）改写成：

$$h_r = R|q|q \tag{2-10}$$

2.2.2　质量流量平衡定律

质量流量平衡定律（又称质量守恒定律）是指在稳定通风条件下，单位时间流入某节

点的空气质量等于流出该节点的空气质量;换言之,流入与流出某节点的各分支的质量流量的代数和等于零。即:

$$\sum_{j=1}^{n} G_{ij} = \sum_{j=1}^{n} \rho_j q_{ij} = 0 \tag{2-11}$$

若不考虑风流密度的变化,则流入与流出某节点的各分支的体积流量的代数和等于零。即:

$$\sum_{j=1}^{n} q_{ij} = 0 \tag{2-12}$$

式中　ρ_j——分支 j 的平均空气密度,kg/m³;

　　　q_{ij}——与节点 i 相关联的分支 j 的体积流量,也称风量,流出节点的分支风量为正,流入节点者为负;

　　　G_{ij}——与节点 i 相关联的分支 j 的质量流量,kg/s,流出节点的分支质量流量为正,流入节点者为负;

　　　n——节点相关联的分支数。

2.2.3　风压平衡定律

风压平衡定律(又称能量守恒定律)是指在通风网络的任一闭合回路内,各分支阻力的代数和等于该回路内通风机风压与自然风压的代数和。

写成一般表达式:

$$\sum_{j=1}^{n} h_{ij} = \sum_{j=1}^{n} h_{fij} + \sum_{j=1}^{n} h_{zij} \tag{2-13}$$

式中　h_{ij}——第 i 回路内第 j 分支的通风阻力,Pa;

　　　h_{fij}——第 i 回路内第 j 分支中风机的风压值,Pa;

　　　$\sum_{j=1}^{n} h_{zij}$——第 i 回路的自然风压,Pa;

　　　h_{zij}——第 i 回路内第 j 分支的位压差,$h_{zij} = \rho_j g(Z_{1j} - Z_{2j})$($\rho_j$ 为第 j 分支的空气平均密度;Z_{1j},Z_{2j} 为第 j 分支的始末节点标高,m;g 为重力加速度)。

式(2-13)中,h_{ij}、h_{fij} 和 h_{zij} 有正负号,顺时针为正,逆时针为负。

当通风网络中风流的空气密度不变为常数时,式(2-13)中回路的自然风压 $\sum_{j=1}^{n} h_{zij}$ 为零。如果回路内不含风机,式(2-13)中 $\sum_{j=1}^{n} h_{fij}$ 为零。

2.3　通风网络的基本形式及其数学解析

通风网络的联结形式很复杂且多种多样,但其基本联结形式可分为串联、并联和角联。

2.3.1　串联风路

由两条或两条以上的分支彼此首尾相连的线路叫作串联风路。在矿井"U"形通风的采煤工作面通风系统中,其进风巷道、工作面及其回风巷道组成一个串联风路。假设有 n 条

分支首尾相连组成的串联风路,其特性如下:

(1)风量关系:根据质量流量平衡定律,当空气密度不变化时,串联风路各条巷道的风量相等,即:

$$q = q_1 = q_2 = \cdots = q_n \qquad (2\text{-}14)$$

(2)风压关系:根据风压平衡定律,各条巷道的总风压降为各巷道风压之和,即:

$$h = h_1 + h_2 + \cdots + h_n \qquad (2\text{-}15)$$

(3)风阻关系:根据阻力定律,串联总风阻等于各条巷道风阻之和,即:

$$R = R_1 + R_2 + \cdots + R_n \qquad (2\text{-}16)$$

串联风路中,后一分支的入风是前一分支排出的污风,串联次数越多,污染越大,安全性越差;当发生瓦斯突出、爆炸、火灾事故时,串联通风的危害则更大。因此,《煤矿安全规程》强调要独立通风,尽量避免采用串联通风,在高瓦斯和煤与瓦斯突出矿井中严禁多个采掘工作面串联通风。

2.3.2 并联风网

由两条或两条以上具有相同始节点和末节点的分支所组成的通风网络叫作并联风网,如图2-3所示的左右两侧采煤工作面即为一个并联风网。图2-3中的分支1、2、3、4、5也构成并联风网。假设有 n 条分支组成的并联风网,其特性如下:

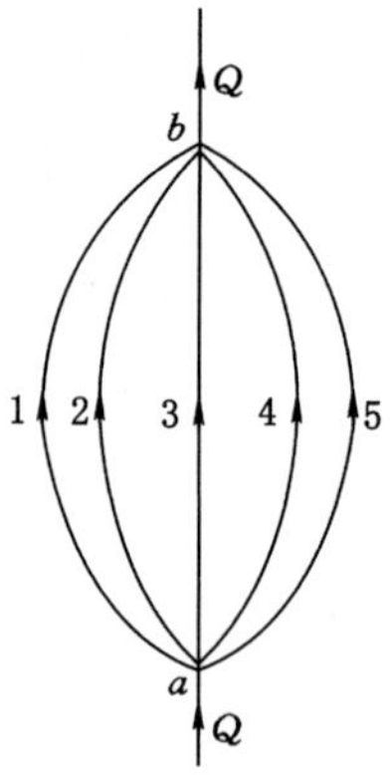

(1)风量关系:根据质量流量平衡定律,当空气密度不变化时,并联风网的总风量等于各条分支风量之和,即:

$$q = q_1 + q_2 + \cdots + q_n \qquad (2\text{-}17)$$

(2)风压关系:根据风压平衡定律,各条巷道的总风压等于各分支风压降,即:

$$h = h_1 = h_2 = \cdots = h_n \qquad (2\text{-}18)$$

图 2-3 并联风网

(3)风阻关系:根据阻力定律 $h = Rq^2$,将 $q = \sqrt{h/R}$ 和式(2-18)代入式(2-17),化简可得:

$$\frac{1}{\sqrt{R}} = \frac{1}{\sqrt{R_1}} + \frac{1}{\sqrt{R_2}} + \cdots + \frac{1}{\sqrt{R_n}} \qquad (2\text{-}19)$$

由式(2-19)可知,并联风网的总风阻比任一并联分支风阻小。

(4)并联风网的风量分配:由于并联风网总阻力等于各分支阻力,根据阻力定律 $h = Rq^2$,则得:

$$Rq^2 = R_1 q_1^2 = R_2 q_2^2 = \cdots = R_n q_n^2 \qquad (2\text{-}20)$$

故并联风网各分支风量与总风量的关系:

$$q_i = \sqrt{\frac{R}{R_i}} q \qquad (2\text{-}21)$$

将式(2-19)代入上式,可得各分支风量:

$$q_i = \frac{q}{\sqrt{\frac{R_i}{R_1}} + \sqrt{\frac{R_i}{R_2}} + \cdots + \sqrt{\frac{R_i}{R_{i-1}}} + 1 + \sqrt{\frac{R_i}{R_{i+1}}} + \cdots + \sqrt{\frac{R_i}{R_n}}} \qquad (2\text{-}22)$$

并联风网与串联风网相比总风阻和总阻力小,各分支独立通风,安全性好,抗灾能力强,因此,在设计通风网络时,尽量使各用风地点(如采掘工作面等)布置成相互并联的独立通风系统。

2.3.3 角联风网

存在于两条并联分支之间、连通两侧的联络分支称为角联或对角分支,两侧并联分支称为边缘分支,由这些分支组成的通风网络称为角联风网。若风网中仅有一条对角分支则称其为简单角联风网,如图 2-4(a)所示。若风网中有两条或两条以上的对角分支时则称其为复杂角联风网,如图 2-4(b)所示。

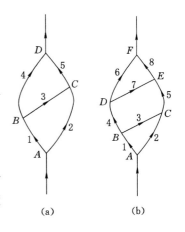

图 2-4 角联风网

角联风网的特性是对角分支的风流方向不稳定。其对角分支中的风流流动方向有以下三种情况(假设空气密度不变化)。

(1) 对角分支中无风流流动

在图 2-4(a)中,假设角联分支 BC 没有风流流动,即 $q_3=0$,B、C 两点压能相等、无压差存在。

根据风压平衡定律,则有 $h_1=h_2$,$h_4=h_5$。

根据阻力定律:$R_1q_1^2=R_2q_2^2$,$R_4q_4^2=R_5q_5^2$。

将上两式相除,可得

$$\frac{R_1q_1^2}{R_4q_4^2}=\frac{R_2q_2^2}{R_5q_5^2}$$

由于 $q_{BC}=0$,$q_1=q_4$,$q_2=q_5$,则有:

$$\frac{R_1}{R_4}=\frac{R_2}{R_5} \text{ 或} \frac{R_1R_5}{R_2R_4}=K=1 \tag{2-23}$$

上式表明,在角联风网中,若对角分支一侧前后两条边缘分支风阻之比等于另一侧相应前后边缘分支风阻之比,则对角分支中无风流流动。

(2) 对角分支风流由 B 流向 C

在角联风网中,对角分支有风流流动,而且由 B 流向 C,即 $q_3 \neq 0$,B、C 两点压能不等,B 点压能大于 C 点压能,即 $h_1<h_2$,由阻力定律和节点质量流量平衡定律可得:

$$R_1(q_3+q_4)^2<R_2q_2^2$$

故

$$\frac{R_1}{R_2}<\frac{q_2^2}{(q_3+q_4)^2}$$

同理,由 $h_5<h_4$ 可得:

$$\frac{R_5}{R_4}<\frac{q_4^2}{(q_2+q_3)^2}$$

由于 $q_1>q_4$,$q_2<q_5$,即 $q_3+q_4>q_4$,$q_2<q_2+q_3$,则有下式成立:

$$\frac{R_5}{R_4}<\frac{q_4^2}{(q_2+q_3)^2}<\frac{(q_3+q_4)^2}{q_2^2}<\frac{R_2}{R_1}$$

即 $\frac{R_5}{R_4}<\frac{R_2}{R_1}$,根据不等式性质,可得:

$$\frac{R_1}{R_4} < \frac{R_2}{R_5} \text{ 或} \frac{R_1 R_5}{R_2 R_4} = K < 1 \qquad (2\text{-}24)$$

当对角分支风流由 C 流向 B 时,同理可推导出:

$$\frac{R_1}{R_4} > \frac{R_2}{R_5} \text{ 或} \frac{R_1 R_5}{R_2 R_4} = K > 1 \qquad (2\text{-}25)$$

上式表明:在角联风网中,如果对角分支某节点侧前后边缘分支风阻比小于另一节点侧对应前后边缘分支风阻比,则对角分支中风流就从该风阻比值小的一侧节点流向风阻比值大的另一侧节点。

综上所述,在无自然风压和通风机工作的角联风网中,确定对角分支的风向,仅取决于对角分支两侧前后边缘分支风阻的比值,而与对角分支本身风阻大小无关。

在矿井通风中,由于开拓和生产的需要,在进风系统或回风系统内施工一些联络巷道,多属角联巷道,这使得通风网络复杂化。由于角联巷道的存在,使得通风网络风流稳定性变差;但又使得风流调节的灵活性增强,在角联分支上调节对整个风网总阻力影响较小,即角联分支的存在具有两面性。因此,应加强对角联巷道的安全性分析和管理。一方面应尽量避免将采区或采掘工作面置于角联之中,对于无用的角联分支应实施风流的隔断,消除对其他分支风流的影响;另一方面,对于有用的角联分支,必须保证其有足够的风压差和风量,防止其中的瓦斯积聚;对于处于角联的采空区,为防止其内部瓦斯涌出或遗煤的自燃,利用角联分支风流可停滞的特点,调节其两侧前后边缘分支的风阻比值,使采空区内的漏风趋于零。

2.4　通风网络的数学模型

用电子计算机对通风网络进行分析,必须对通风网络进行数学描述,并建立有关数学模型。

2.4.1　通风网络的数学描述

将反映风流拓扑关系的通风网络图,用通风参数对其分支赋权,此赋权图称为通风网络,记作 $N = (G, f)$,其中 G 表示通风网络图,$G = (V, E)$,V、E 分别为图 G 的节点集合和分支集合,$|V| = m$ 表示图 G 中的节点数,$|E| = n$ 表示图 G 中的分支数,f 表示图 G 中各分支的权函数。网络 N 就是通风网络分析的具体对象。

通常,可用下面三个向量来描述基本的网络结构:

分支向量:$\boldsymbol{E} = (e_1, e_2, \cdots, e_n)$;

始节点向量:$\boldsymbol{V}_1 = (v_{11}, v_{12}, \cdots, v_{1n})$;

末节点向量:$\boldsymbol{V}_2 = (v_{21}, v_{22}, \cdots, v_{2n})$。

这三个向量是对应的,按其排列顺序可得到:$e_i = (v_{1i}, v_{2i})$。它不仅反映了各分支和各节点间的关联关系,而且通过始、末节点的次序,反映了各分支的方向。

通风网络中各分支的权函数也可用向量来描述,如:

风阻列向量:$\boldsymbol{R} = (R_1, R_2, \cdots, R_n)^{\mathrm{T}}$;

空气密度列向量：$\boldsymbol{\rho} = (\rho_1, \rho_2, \cdots, \rho_n)^{\mathrm{T}}$；

风量列向量：$\boldsymbol{Q} = (q_1, q_2, \cdots, q_n)^{\mathrm{T}}$；

质量流量列向量：$\boldsymbol{G} = (G_1, G_2, \cdots, G_n)^{\mathrm{T}}$；

阻力列向量：$\boldsymbol{H}_{\mathrm{r}} = (h_{r1}, h_{r2}, \cdots, h_{rn})^{\mathrm{T}}$；

位压差列向量：$\boldsymbol{H}_{\mathrm{z}} = (h_{z1}, h_{z2}, \cdots, h_{zn})^{\mathrm{T}}$；

阻力调节值列向量：$\Delta\boldsymbol{H} = (\Delta h_1, \Delta h_2, \cdots, \Delta h_n)^{\mathrm{T}}$；

风机风压列向量：$\boldsymbol{H}_{\mathrm{f}} = (h_{f1}, h_{f2}, \cdots, h_{fn})^{\mathrm{T}}$。

根据通风网络中分支能量方程，将分支始末节点的全压差定义为分支风压，即：

$$h_i = p_{1i} - p_{2i} = h_{ri} + \Delta h_i - h_{fi} - h_{zi} \tag{2-26}$$

式中　h_i——第 i 分支风压，Pa；

　　　Δh_i——第 i 分支的阻力调节值，Pa，若 i 分支无调节，则 $\Delta h_i = 0$；

　　　h_{fi}——第 i 分支中风机风压，若 i 分支中不含风机，则 $h_{fi} = 0$；

　　　h_{zi}——第 i 分支位压差，Pa。

式(2-26)写成向量形成：

$$\boldsymbol{H} = \boldsymbol{H}_{\mathrm{r}} + \Delta\boldsymbol{H} - \boldsymbol{H}_{\mathrm{f}} - \boldsymbol{H}_{\mathrm{z}}$$

式中　$\boldsymbol{H}$——分支风压列向量，$\boldsymbol{H} = (h_1, h_2, \cdots, h_n)^{\mathrm{T}}$。

根据通风网络分析的需要，也可用矩阵对通风网络进行描述。如通风网络的基本关联矩阵就描述了通风网络的结构。建立通风网络基本关联矩阵，通常取总出风口节点为参考点。根据通风网络分析目的和方法的需要，还可建立基本回路矩阵、基本割集矩阵、通路矩阵等，作为通风网络分析的工具。应注意，同一风网所用的矩阵和向量中，各分支排序必须是一致的。

2.4.2　通风网络的基本数学模型

通风三定律，即质量流量平衡定律、风压平衡定律和阻力定律，对任何通风网络都是普遍适用的。它们反映了通风网络中的三个主要参数(质量流量、风压和风阻)间的相互关系。它们是研究通风网络的理论基础，构成了通风网络的基本数学模型。

下面用图论理论对通风定律作更普遍的描述，进一步揭示通风网络内各参数间的内在联系。

（1）质量流量平衡定律的矩阵表示

对于任何通风网络 N，利用其基本关联矩阵，可将质量流量平衡定律描述为：

$$\sum_{j=1}^{n} b_{ij} G_j = 0 \quad i = 1, 2, \cdots, m-1 \tag{2-27}$$

式中　b_{ij}——基本关联矩阵中第 i 行第 j 列的元素；

　　　G_j——通风网络中第 j 分支的质量流量(分支风向与分支方向相同时取正，相反时取负)，kg/s；

　　　m——通风网络的节点数；

　　　n——通风网络的分支数。

式(2-27)可表示成如下矩阵方程：

$$\boldsymbol{BG} = 0 \tag{2-28}$$

式中 **B**——基本关联矩阵；

G——分支质量流量列向量，其分支排序与基本关联矩阵 **B** 相同。

由于基本关联矩阵 **B** 中每行对应一个节点，**B** 每行内只有与该节点相关联的分支对应的元素不为零，等于 ±1，且规定：该节点为关联分支的始节点时取 1，而为关联分支的末节点时取 −1。因此，**B** 的每一行向量与质量流量列向量 **G** 的乘积就表示了一个节点的质量流量平衡方程，即流入节点的各分支质量流量之和等于流出节点的各分支质量流量之和。

（2）质量流量平衡定律的推广

根据割集的定义，割集可形成一个假想的封闭面（如图 2-5 中的虚线所示），可将质量流量平衡定律推广到通风网络中任一个割集封闭面上，即流入和流出割集封闭面的质量流量必然相等。故质量流量平衡定律也可用基本割集矩阵 **S** 表示。

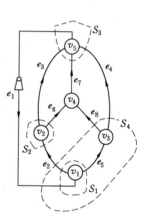

$$\sum_{j=1}^{n} S_{ij} G_j = 0 \quad i = 1, 2, \cdots, m-1 \qquad (2\text{-}29)$$

式中 S_{ij}——基本割集矩阵的第 i 行第 j 列元素。

或写成矩阵形式：

$$SG = 0 \qquad (2\text{-}30)$$

式中 **S**——基本割集矩阵，其分支排序与基本关联矩阵 **B** 相同。

某通风网络如图 2-5 所示，取生成树为 $T = (e_5, e_6, e_7, e_8)$，余树为 $T' = (e_1, e_2, e_3, e_4)$。

图 2-5 风网风量平衡图

取大气节点 v_1 为参考节点，有基本关联矩阵 **B** 和质量流量平衡定律：

$$\boldsymbol{B} = \begin{matrix} & \begin{matrix} e_1 & e_2 & e_3 & e_4 & e_5 & e_6 & e_7 & e_8 \end{matrix} & \\ & \begin{pmatrix} 0 & -1 & 1 & 0 & 0 & 1 & 0 & 0 \\ 0 & 0 & 0 & 1 & -1 & 0 & 0 & 1 \\ 0 & 0 & 0 & 0 & 0 & -1 & 1 & -1 \\ 1 & 0 & -1 & -1 & 0 & 0 & -1 & 0 \end{pmatrix} & \begin{matrix} v_2 \\ v_3 \\ v_4 \\ v_5 \end{matrix} \end{matrix}$$

$$\boldsymbol{BG} = \begin{pmatrix} 0 & -1 & 1 & 0 & 0 & 1 & 0 & 0 \\ 0 & 0 & 0 & 1 & -1 & 0 & 0 & 1 \\ 0 & 0 & 0 & 0 & 0 & -1 & 1 & -1 \\ 1 & 0 & -1 & -1 & 0 & 0 & -1 & 0 \end{pmatrix} \begin{pmatrix} G_1 \\ G_2 \\ G_3 \\ G_4 \\ G_5 \\ G_6 \\ G_7 \\ G_8 \end{pmatrix} = \begin{pmatrix} -G_2 + G_3 + G_6 \\ G_4 - G_5 + G_8 \\ -G_6 + G_7 - G_8 \\ G_1 - G_3 - G_4 - G_7 \end{pmatrix} = \boldsymbol{0}$$

根据图 2-5 可知，上式中的四个方程，正是对应于节点 v_2、v_3、v_4、v_5 的质量流量平衡方程。

对应于各树枝的基本割集矩阵为：

$$
S = \begin{matrix} e_1 & e_2 & e_3 & e_4 & e_5 & e_6 & e_7 & e_8 \end{matrix}
$$

$$
S = \begin{pmatrix} -1 & 1 & 0 & 0 & 1 & 0 & 0 & 0 \\ 0 & -1 & 1 & 0 & 0 & 1 & 0 & 0 \\ -1 & 0 & 1 & 1 & 0 & 0 & 1 & 0 \\ -1 & 1 & 0 & 1 & 0 & 0 & 0 & 1 \end{pmatrix} \begin{matrix} S_1 \\ S_2 \\ S_3 \\ S_4 \end{matrix}
$$

$$
SG = \begin{pmatrix} -1 & 1 & 0 & 0 & 1 & 0 & 0 & 0 \\ 0 & -1 & 1 & 0 & 0 & 1 & 0 & 0 \\ -1 & 0 & 1 & 1 & 0 & 0 & 1 & 0 \\ -1 & 1 & 0 & 1 & 0 & 0 & 0 & 1 \end{pmatrix} \begin{pmatrix} G_1 \\ G_2 \\ G_3 \\ G_4 \\ G_5 \\ G_6 \\ G_7 \\ G_8 \end{pmatrix} = \begin{pmatrix} -G_1 + G_2 + G_5 \\ -G_2 + G_3 + G_6 \\ -G_1 + G_3 + G_4 + G_7 \\ -G_1 + G_2 + G_4 + G_8 \end{pmatrix} = 0
$$

根据图 2-5 可知，这四个方程正是对应于基本割集 S_1、S_2、S_3、S_4 的质量流量平衡方程。

从本例还可以看出，对于任一风网，无论采用基本关联矩阵还是基本割集矩阵建立质量流量平衡方程，其独立质量流量平衡方程数目均为 $m-1$ 个。

(3) 通风网络中树枝分支质量流量与余树弦质量流量间的关系

式 (2-28)、式 (2-30) 反映了风网中某节点相关联的分支间或某基本割集所含分支间的质量流量平衡关系。由此，可导出风网内树枝分支质量流量和余树弦质量流量间的关系。将质量流量列向量 G 按余树弦在前，树枝分支在后的顺序排列，并进行分块，即：

$$
G = \begin{pmatrix} G_y \\ G_s \end{pmatrix} \tag{2-31}
$$

式中 G_y——余树分支质量流量列向量；

G_s——树枝分支质量流量列向量。

同理，将基本关联矩阵也进行同样的排列和分块，由式 (2-28) 得：

$$
(B_{11} \quad B_{12}) \begin{pmatrix} G_y \\ G_s \end{pmatrix} = 0
$$

将此式展开，并用 C_{12}^T 代替 $-B_{12}^{-1} B_{11}$，得：

$$
G_s = -B_{12}^{-1} B_{11} G_y = C_{12}^T G_y \tag{2-32}
$$

将 G_s 代入式 (2-31) 得

$$
G = C^T G_y \tag{2-33}
$$

同样，将 S、G 分块，由式 (2-30) 得

$$
(S_{11} \quad I_s) \begin{pmatrix} G_y \\ G_s \end{pmatrix} = 0
$$

展开得

$$
S_{11} G_y + G_s = 0
$$

则：

$$G_s = -S_{11}G_y \qquad (2\text{-}34)$$

式(2-32)、式(2-34)均表达了通风网络中树枝分支质量流量和余树分支质量流量的关系。当通风网络中各余树分支质量流量已知时,利用独立回路矩阵或基本割集矩阵即可求得各树枝分支的质量流量。

[例 2-1] 如图 2-5 所示通风网络,设余树分支质量流量 $G_y = (G_1, G_2, G_3, G_4)^T$ 已知,试用回路矩阵和割集矩阵求树枝分支质量流量 $G_s = (G_5, G_6, G_7, G_8)^T$。

解:按余树弦在前、树枝分支在后将分支加以排列,并进行分块,则有基本回路矩阵

$$C = (I_y \quad C_{12}) = \begin{pmatrix} 1 & 0 & 0 & 0 & 1 & 0 & 1 & 1 \\ 0 & 1 & 0 & 0 & -1 & 1 & 0 & -1 \\ 0 & 0 & 1 & 0 & 0 & -1 & -1 & 0 \\ 0 & 0 & 0 & 1 & 0 & 0 & -1 & -1 \end{pmatrix}$$

$$C = (I_y \quad C_{12}) = \begin{matrix} e_1 & e_2 & e_3 & e_4 & e_5 & e_6 & e_7 & e_8 \\ \begin{pmatrix} 1 & 0 & 0 & 0 & 1 & 0 & 1 & 1 \\ 0 & 1 & 0 & 0 & -1 & 1 & 0 & -1 \\ 0 & 0 & 1 & 0 & 0 & -1 & -1 & 0 \\ 0 & 0 & 0 & 1 & 0 & 0 & -1 & -1 \end{pmatrix} & \begin{matrix} C_1 \\ C_2 \\ C_3 \\ C_4 \end{matrix} \end{matrix}$$

$$C_{12}^T = \begin{pmatrix} 1 & -1 & 0 & 0 \\ 0 & 1 & -1 & 0 \\ 1 & 0 & -1 & -1 \\ 1 & -1 & 0 & -1 \end{pmatrix}$$

由式(2-32)得

$$\begin{pmatrix} G_5 \\ G_6 \\ G_7 \\ G_8 \end{pmatrix} = \begin{pmatrix} 1 & -1 & 0 & 0 \\ 0 & 1 & -1 & 0 \\ 1 & 0 & -1 & -1 \\ 1 & -1 & 0 & -1 \end{pmatrix} \begin{pmatrix} G_1 \\ G_2 \\ G_3 \\ G_4 \end{pmatrix} = \begin{pmatrix} G_1 - G_2 \\ G_2 - G_3 \\ G_1 - G_3 - G_4 \\ G_1 - G_2 - G_4 \end{pmatrix}$$

同样,有基本割集矩阵

$$S = (S_{11} \quad I_s) = \begin{matrix} e_1 & e_2 & e_3 & e_4 & e_5 & e_6 & e_7 & e_8 \\ \begin{pmatrix} -1 & 1 & 0 & 0 & 1 & 0 & 0 & 0 \\ 0 & -1 & 1 & 0 & 0 & 1 & 0 & 0 \\ -1 & 0 & 1 & 1 & 0 & 0 & 1 & 0 \\ -1 & 1 & 0 & 1 & 0 & 0 & 0 & 1 \end{pmatrix} & \begin{matrix} S_1 \\ S_2 \\ S_3 \\ S_4 \end{matrix} \end{matrix}$$

由式(2-34)得

$$\begin{pmatrix} G_5 \\ G_6 \\ G_7 \\ G_8 \end{pmatrix} = \begin{pmatrix} 1 & -1 & 0 & 0 \\ 0 & 1 & -1 & 0 \\ 1 & 0 & -1 & -1 \\ 1 & -1 & 0 & -1 \end{pmatrix} \begin{pmatrix} G_1 \\ G_2 \\ G_3 \\ G_4 \end{pmatrix} = \begin{pmatrix} G_1 - G_2 \\ G_2 - G_3 \\ G_1 - G_3 - G_4 \\ G_1 - G_2 - G_4 \end{pmatrix}$$

根据本例的图和 C、S 的分块矩阵,可得出如下结论:每一条树枝分支的质量流量等于该分支所属各基本回路中余树弦质量流量的代数和(当树枝分支的风向在回路中与余树弦方向相同时取正),或者等于该树枝所确定的基本割集中各余树弦质量流量的代数和(当余树弦方向在割集中与树枝方向相同时取负,异向时取正)。如本例中树枝分支 e_5 既属于回路 C_1 又属于回路 C_2,且与回路 C_1 中余树弦 e_1 同向取正,而与回路 C_2 中余树弦 e_2 反向取负,故 $G_5 = G_1 - G_2$;另外,树枝分支 e_5 确定的基本割集 S_1 中含有 2 条余树弦 e_1 和 e_2,且在割集 S_1 中 e_1 与树枝 e_5 方向相反取正,而 e_2 与树枝 e_5 方向相同取负,故 $G_5 = G_1 - G_2$。

(4) 风压平衡定律的矩阵表示

利用基本回路矩阵,可把风压平衡定律描述为更普遍的形式:

$$\sum_{j=1}^{n} c_{ij} h_j = 0 \quad i = 1, 2, \cdots, n - m + 1 \tag{2-35}$$

或写成矩阵形式:

$$CH = 0 \tag{2-36}$$

式中 c_{ij}——基本回路矩阵中第 i 行第 j 列元素;

C——通风网络基本回路矩阵;

H——风压列向量,其分支排序与 C 相同。

因基本回路矩阵 C 中每一行对应风网内的一个独立回路,C 中只有该回路所含分支对应的元素不为零,且规定了当分支方向与回路中余树弦方向一致时取 1,而相反时取 -1。因此,C 中每一行向量与风压列向量的乘积就表示了一个独立回路的风压平衡方程。对于任一风网,仅可列出 $n - m + 1$ 个线性独立的风压平衡方程。

假若将分支风压列向量 H 中的分支通风阻力、调节窗阻力、风机风压和位压差分开表示,风压平衡定律可表述为:

$$\sum_{j=1}^{n} c_{ij} h_{rj} + \sum_{j=1}^{n} c_{ij} \Delta h_j = \sum_{j=1}^{n} c_{ij} h_{fj} + \sum_{j=1}^{n} c_{ij} h_{zj} \quad i = 1, 2, \cdots, n - m + 1 \tag{2-37}$$

或:

$$CH_r + C\Delta H - CH_f - CH_z = 0 \tag{2-38}$$

式(2-37)左边两项之和表示回路内分支通风总阻力(分支阻力与调节窗阻力之和)的代数和,而其右边第一项表示回路内分支中风机风压的代数和,右边第二项表示回路的自然风压。因此,式(2-37)表明:通风网络内任一回路的分支通风总阻力代数和等于该回路内通风动力之代数和。

[例 2-2] 如图 2-5 所示风网,$n = 8$,$m = 5$,独立回路数为 4,假定余树弦为 (e_1, e_2, e_3, e_4),试用回路矩阵表示其风压平衡方程。

解:以余树弦 (e_1, e_2, e_3, e_4) 确定的基本回路如下:

$C_1 = (e_1, e_5, e_7, e_8)$;

$C_2 = (e_2, -e_5, e_6, -e_8)$;

$C_3 = (e_3, -e_6, -e_7)$;

$C_4 = (e_4, -e_7, -e_8)$。

对应的基本回路矩阵为

$$\boldsymbol{C} = (\boldsymbol{I}_y \quad \boldsymbol{C}_{12}) = \begin{matrix} & e_1 & e_2 & e_3 & e_4 & e_5 & e_6 & e_7 & e_8 & \\ \begin{pmatrix} 1 & 0 & 0 & 0 & 1 & 0 & 1 & 1 \\ 0 & 1 & 0 & 0 & -1 & 1 & 0 & -1 \\ 0 & 0 & 1 & 0 & 0 & -1 & -1 & 0 \\ 0 & 0 & 0 & 1 & 0 & 0 & -1 & -1 \end{pmatrix} & \begin{matrix} C_1 \\ C_2 \\ C_3 \\ C_4 \end{matrix} \end{matrix}$$

根据式(2-36)得

$$\boldsymbol{CH} = \begin{pmatrix} 1 & 0 & 0 & 0 & 1 & 0 & 1 & 1 \\ 0 & 1 & 0 & 0 & -1 & 1 & 0 & -1 \\ 0 & 0 & 1 & 0 & 0 & -1 & -1 & 0 \\ 0 & 0 & 0 & 1 & 0 & 0 & -1 & -1 \end{pmatrix} \begin{pmatrix} h_1 \\ h_2 \\ h_3 \\ h_4 \\ h_5 \\ h_6 \\ h_7 \\ h_8 \end{pmatrix} = \begin{pmatrix} h_1 + h_5 + h_7 + h_8 \\ h_2 - h_5 + h_6 - h_8 \\ h_3 - h_6 - h_7 \\ h_4 - h_7 - h_8 \end{pmatrix} = 0$$

根据图 2-5 与本例题结果可看出,若某回路内各分支风向相同,则此回路内至少有一台风机存在。如第 1 回路内 1 号分支中含有一台风机。

(5) 通风网络中树枝分支风压与余树弦风压间的关系

风压平衡定律反映了风网内回路中各分支风压间的关系。由此也可导出风网内树枝分支风压和余树弦风压间的关系。将分支风压列向量 $\boldsymbol{H}$ 中的分支按余树弦在前、树枝分支在后排列并分块,则

$$\boldsymbol{H} = \begin{pmatrix} \boldsymbol{H}_y \\ \boldsymbol{H}_S \end{pmatrix}$$

代入式(2-36)得

$$\boldsymbol{CH} = (\boldsymbol{I}_y \quad \boldsymbol{C}_{12}) \begin{pmatrix} \boldsymbol{H}_y \\ \boldsymbol{H}_s \end{pmatrix} = \boldsymbol{H}_y + \boldsymbol{H}_{12} \boldsymbol{H}_s = 0$$

由上式可得:

$$\boldsymbol{H}_y = -\boldsymbol{C}_{12} \boldsymbol{H}_s \tag{2-39}$$

式(2-39)反映了风网内余树弦风压和树枝分支风压间的关系。这种关系也可由基本割集矩阵表示。

因 $$\boldsymbol{S}_{11} = -\boldsymbol{C}_{12}^{\mathrm{T}}$$

故: $$\boldsymbol{H}_y = \boldsymbol{S}_{11}^{\mathrm{T}} \boldsymbol{H}_s \tag{2-40}$$

式(2-39)、式(2-40)表明风网的余树弦风压可用树枝分支风压线性表示。当风网内各树枝分支风压已知时,利用式(2-39)、式(2-40)可求出余树弦风压。

[例 2-3] 如图 2-5 所示的通风网络,假定树枝分支风压向量 $\boldsymbol{H}_s = (h_5, h_6, h_7, h_8)^{\mathrm{T}}$ 已知,试求余树弦风压向量 $\boldsymbol{H}_y = (h_1, h_2, h_3, h_4)^{\mathrm{T}}$。

解:根据式(2-39),将风网以余树弦(e_1, e_2, e_3, e_4)确定的基本回路矩阵进行分块,有

$$
\begin{array}{cccccccc}
e_1 & e_2 & e_3 & e_4 & e_5 & e_6 & e_7 & e_8
\end{array}
$$

$$
\boldsymbol{C} = (\boldsymbol{I}_y \quad \boldsymbol{C}_{12}) =
\begin{pmatrix}
1 & 0 & 0 & 0 & 1 & 0 & 1 & 1 \\
0 & 1 & 0 & 0 & -1 & 1 & 0 & -1 \\
0 & 0 & 1 & 0 & 0 & -1 & -1 & 0 \\
0 & 0 & 0 & 1 & 0 & 0 & -1 & -1
\end{pmatrix}
\begin{matrix}
C_1 \\ C_2 \\ C_3 \\ C_4
\end{matrix}
$$

其中

$$
\boldsymbol{C}_{12} =
\begin{pmatrix}
1 & 0 & 1 & 1 \\
-1 & 1 & 0 & -1 \\
0 & -1 & -1 & 0 \\
0 & 0 & -1 & -1
\end{pmatrix}
$$

故

$$
\boldsymbol{H}_y =
\begin{pmatrix}
h_1 \\ h_2 \\ h_3 \\ h_4
\end{pmatrix}
= -
\begin{pmatrix}
1 & 0 & 1 & 1 \\
-1 & 1 & 0 & -1 \\
0 & -1 & -1 & 0 \\
0 & 0 & -1 & -1
\end{pmatrix}
\begin{pmatrix}
h_5 \\ h_6 \\ h_7 \\ h_8
\end{pmatrix}
=
\begin{pmatrix}
-h_5 - h_7 - h_8 \\
h_5 - h_6 + h_8 \\
h_6 + h_7 \\
h_7 + h_8
\end{pmatrix}
$$

该式每一行对应一个回路。因此,可得出如下结论:任一余树弦风压等于该余树弦所确定的回路中所含树枝分支风压的代数和。

根据式(2-40),将图2-5所示的风网以树枝(e_5,e_6,e_7,e_8)确定的基本割集矩阵进行分块,有

$$
\begin{array}{cccccccc}
e_1 & e_2 & e_3 & e_4 & e_5 & e_6 & e_7 & e_8
\end{array}
$$

$$
\boldsymbol{S} = (\boldsymbol{S}_{11} \quad \boldsymbol{I}_s) =
\begin{pmatrix}
-1 & 1 & 0 & 0 & 1 & 0 & 0 & 0 \\
0 & -1 & 1 & 0 & 0 & 1 & 0 & 0 \\
-1 & 0 & 1 & 1 & 0 & 0 & 1 & 0 \\
-1 & 1 & 0 & 1 & 0 & 0 & 0 & 1
\end{pmatrix}
\begin{matrix}
S_1 \\ S_2 \\ S_3 \\ S_4
\end{matrix}
$$

其中

$$
\boldsymbol{S}_{11} =
\begin{pmatrix}
-1 & 1 & 0 & 0 \\
0 & -1 & 1 & 0 \\
-1 & 0 & 1 & 1 \\
-1 & 1 & 0 & 1
\end{pmatrix}, \quad
\boldsymbol{S}_{11}^{\mathrm{T}} =
\begin{pmatrix}
-1 & 0 & -1 & -1 \\
1 & -1 & 0 & 1 \\
0 & 1 & 1 & 0 \\
0 & 0 & 1 & 1
\end{pmatrix}
$$

代入式(2-40)得

$$
\boldsymbol{H}_y =
\begin{pmatrix}
h_1 \\ h_2 \\ h_3 \\ h_4
\end{pmatrix}
=
\begin{pmatrix}
-1 & 0 & -1 & -1 \\
1 & -1 & 0 & 1 \\
0 & 1 & 1 & 0 \\
0 & 0 & 1 & 1
\end{pmatrix}
\begin{pmatrix}
h_5 \\ h_6 \\ h_7 \\ h_8
\end{pmatrix}
=
\begin{pmatrix}
-h_5 - h_7 - h_8 \\
h_5 - h_6 + h_8 \\
h_6 + h_7 \\
h_7 + h_8
\end{pmatrix}
$$

由此结果可以看出:任一余树弦的风压等于该余树弦所属基本割集中树枝分支风压的代数和。

思考与练习题

2-1　通风网络图与通风系统平面图、通风系统立体图有何异同?

2-2　为什么通风网络图的形状不是唯一的?

2-3 试述通风网络图简化的原则和主要内容。

2-4 试述绘制通风网络图的步骤。

2-5 如何用关联矩阵和割集矩阵描述质量流量平衡定律？

2-6 某矿风网有 m 个节点、n 条分支，为求得全矿各分支的质量流量，最少需要测出多少条分支的质量流量？

2-7 如已知风网余树弦质量流量，有哪些方法可求得树枝分支质量流量？

2-8 如何用回路矩阵表达风压平衡定律？

2-9 某风网有 m 个节点、n 条分支，在通风阻力测定时，至少需要测出多少条分支的阻力才能求得全部分支的阻力？

2-10 已知风网各树枝分支风压，如何求余树弦的风压？

2-11 试用题图 2-1 的通风网络的基本关联矩阵表示其质量流量平衡定律。

2-12 某风网如题图 2-2 所示，已知一棵生成树树枝集合为 (e_2, e_3, e_5)，余树弦集合为 (e_1, e_4, e_6)，试写出其基本关联矩阵、基本回路矩阵和基本割集矩阵，并用矩阵表示出其质量流量平衡定律、风压平衡定律。

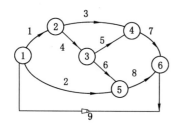

题图 2-1

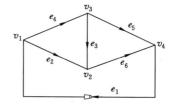

题图 2-2

3 通风机运转特性及分析

通风机是任一通风网络系统不可缺少的动力设备。当进行通风网络分析时,必然涉及通风机工作特性的数学描述、风机工况点的求解与分析,以及通风机工况调节与选型。

3.1 通风机运转特性的数学描述

所谓通风机的运转特性,是指通风机运转时,其工作风压、轴功率和效率与工作风量之间的函数关系,通常在直角坐标系中用曲线表示,称为通风机的特性曲线。用曲线图来描述通风机的运转特性,具有直观、便于用图解法进行工况分析的优点,但是不能满足用计算机进行通风网络分析的需要。用计算机分析通风网络时,通风机的运转特性需用代数方法进行描述,即用通风机特性方程描述。通风机作抽出式工作时,须应用其静风压特性曲线;作压入式工作时,须应用全风压特性曲线。

3.1.1 通风机的特性方程

通风机运转时,其工作风压 h_f、轴功率 N 和效率 η 都是工作风量 q 的函数。这些函数都可用 n 次多项式表示,称为通风机的特性方程。

风压特性方程

$$h_f = A_0 + A_1 q + A_2 q^2 + \cdots + A_n q^n \qquad (3-1)$$

效率特性方程

$$\eta = B_0 + B_1 q + B_2 q^2 + \cdots + B_n q^n \qquad (3-2)$$

功率特性方程

$$N = C_0 + C_1 q + C_2 q^2 + \cdots + C_n q^n \qquad (3-3)$$

上述三式中的系数 A_i、B_i 和 C_i,取决于通风机的型号、轮叶直径、转速、轮叶安装角和外接扩散器性能等因素,只要求出各系数,通风机的特性方程就可确定。

上述三个特性方程中 n 取值大小将影响其描述风机特性曲线的精度。实际应用表明,在一般情况下,取 $n=3$ 就可达到较高的精度,$n=2$ 能满足一般通风网络分析的精度要求。因此,为了便于风机工况点的求解,多数情况下,取 $n=2$,即用二次方程来描述通风机的特性曲线。但对于轴流式通风机,由于其风压特性曲线左侧有一驼峰区,故需取 $n=5$ 才能足够精度地描述其风压特性全曲线,若只考虑风压特性曲线的合理工作段,则取 $n=2$ 也可得到足够的精度。

3.1.2 通风机特性方程的确定

当需要进行新风机选型时,其特性曲线可以从厂家提供的资料或有关手册中查取。对于正在使用的风机,由于安装质量不同、磨损程度不同以及有外接扩散器等因素的影响,实际的风机特性与出厂时的特性有较大的差异。因此,必须进行实际测定,以获得通风机在特定使用条件下的特性曲线。

(1) 拉格朗日插值法

当已知特性曲线时,可用拉格朗日插值法求算方程中的各系数。根据拉格朗日插值公式:

$$h_f(q) = \sum_{k=1}^{n} \left(\prod_{\substack{j=1 \\ j \neq k}}^{n} \frac{q - q_j}{q_k - q_j} \right) h_{fk} \tag{3-4}$$

若用二次多项式描述风机风压特性方程,即 $h_f = A_0 + A_1 q + A_2 q^2$,需确定三个系数 A_0、A_1、A_2,故应在风机风压曲线合理工作段上取 3 个插值点,如图 3-1 中取 1 点、2 点和 3 点,其相应的坐标为 (q_1, h_{f1})、(q_2, h_{f2}) 和 (q_3, h_{f3})。由拉格朗日插值公式(3-4)可得在区间 $[q_1, q_3]$ 内通风机风压特性曲线的函数式

$$h_f = h_{f1} \frac{(q - q_3)(q - q_2)}{(q_1 - q_2)(q_1 - q_3)} + h_{f2} \frac{(q - q_1)(q - q_3)}{(q_2 - q_1)(q_2 - q_3)} + h_{f3} \frac{(q - q_1)(q - q_2)}{(q_3 - q_1)(q_3 - q_2)}$$

将上式按 $h_f = A_0 + A_1 q + A_2 q^2$ 的形式展开整理后得:

$$A_2 = \frac{h_{f1}(q_2 - q_3) + h_{f2}(q_3 - q_1) + h_{f3}(q_1 - q_2)}{-(q_1 - q_2)(q_2 - q_3)(q_3 - q_1)} \tag{3-5}$$

$$A_1 = \frac{h_{f1} - h_{f2}}{q_1 - q_2} - (q_1 + q_2) A_2 \tag{3-6}$$

$$A_0 = h_{f1} - A_1 q_1 - A_2 q_1^2 \tag{3-7}$$

这样,根据三个插值点的数据,可求出风机风压二次特性方程的三个系数。在通风机的效率或功率特性曲线上取三个插值点,同样可得出相应的二次特性方程的三个系数。

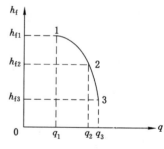

图 3-1 风机风压特性曲线

[例 3-1] 在 4-72-11 №12 型离心式风机,转速为 900 r/min 的风压特性曲线上取 3 个插值点,相应的坐标为 (10.2,1 773.8)、(16,1 519)、(21.4,921.2),单位为 (m³/s,Pa)。求风机风压特性方程。

解:由式(3-5)、式(3-6)和式(3-7),分别得

$$A_2 = \frac{1\,773.8(16 - 21.4) + 1\,519(21.4 - 10.2) + 921.2(10.2 - 16)}{-(10.2 - 16)(16 - 21.4)(21.4 - 10.2)} \approx -5.961\,845\,5$$

$$A_1 = \frac{1\,773.8 - 1\,519}{10.2 - 16} - (10.2 + 16) \times (-5.961\,845\,5) \approx 112.269\,32$$

$$A_0 = 1\,773.8 - 112.269\,32 \times 10.2 + 5.961\,845\,5 \times 10.2^2 \approx 1\,248.923\,3$$

拉格朗日插值法精度与所取插值点的位置关系较大。若取点不合适,可能产生较大的误差。为了保证精度,取点时,一般在风压特性曲线的合理工作段的上下限各取一个点,再在最高效率点上取一点。

(2) 求算风压特性曲线的最小二乘法

最小二乘法是曲线拟合最常用的方法之一。设通过通风机性能测定,获得了 k 个工况点的风量和风压数据 (q_i, h_{fi}), $i = 1, 2, \cdots, k$。由于测定工作中仪器的误差、视觉误差以及其他原因导致的误差,造成测定数据偏离通风机的实际工况点,这 k 个工况点数据不可能连成一条平滑的曲线,所以不能将测定的工况点作为插值基点用插值法求算。为了求得符合实际通风机特性的平滑曲线,就必须对测定数据进行最小二乘拟合。

设通风机的风压特性方程为二次多项式

$$h_f = A_0 + A_1 q + A_2 q^2$$

对应 k 个测点所测得的通风机风量,得下列关系式:

$$h_f(q_i) = A_0 + A_1 q_i + A_2 q_i^2 \tag{3-8}$$

由于实测的通风机风压 h_{fi} 存在误差,则有以下的误差方程组:

$$h_f(q_i) - h_{fi} = d_i \quad i = 1, 2, \cdots, k \tag{3-9}$$

式中 d_i——为第 i 号测点的通风机实际风压与测定值之间的误差。

为了从测定的 k 组数据出发,求取一个最佳的风压特性方程系数值,使误差 d_i 最小,就需要求式(3-9)的误差方程组的最小二乘解。为此,对式(3-9)作误差的平方和,并记为:

$$\phi(A_0, A_1, A_2) = \sum_{i=1}^{k} [h_f(q_i) - h_{fi}]^2 = \sum_{i=1}^{k} [A_2 q_i^2 + A_1 q_i + A_0 - h_{fi}]^2 \tag{3-10}$$

根据最小二乘原理,求取误差的平方和为极小时的 A_0, A_1, A_2 值:

$$\frac{\partial \phi(A_0, A_1, A_2)}{\partial A_j} = 2 \sum_{i=1}^{k} [A_2 q_i^2 + A_1 q_i + A_0 - h_{fi}] \cdot q_i^j = 0 \quad j = 0, 1, 2 \tag{3-11}$$

式(3-11)为一线性方程组,即:

$$\begin{cases} k A_0 + A_1 \sum_{i=1}^{k} q_i + A_2 \sum_{i=1}^{k} q_i^2 = \sum_{i=1}^{k} h_{fi} \\ A_0 \sum_{i=1}^{k} q_i + A_1 \sum_{i=1}^{k} q_i^2 + A_2 \sum_{i=1}^{k} q_i^3 = \sum_{i=1}^{k} h_{fi} q_i \\ A_0 \sum_{i=1}^{k} q_i^2 + A_1 \sum_{i=1}^{k} q_i^3 + A_2 \sum_{i=1}^{k} q_i^4 = \sum_{i=1}^{k} h_{fi} q_i^2 \end{cases} \tag{3-12}$$

解上述线性方程组(3-12),求得误差方程组(3-9)的最小二乘解,即二次多项式方程的三个系数。当然,对于 n 次多项式方程也可采用类似的方法进行最小二乘拟合。

[例 3-2] 对某台通风机进行性能测定时,共测 10 个工况点,得到通风机风压和风量的 10 组数据如表 3-1 所示。试用最小二乘法拟合出风机风压特性方程。

表 3-1　　　　　　　　　　　　通风机工况点测定数据

点号	$q_i / \mathrm{m^3 \cdot s^{-1}}$	h_{fi} / Pa	点号	$q_i / \mathrm{m^3 \cdot s^{-1}}$	h_{fi} / Pa
1	14	1 200	6	21.25	700
2	16.2	1 180	7	22.75	650
3	17.5	1 130	8	23	500
4	18.75	960	9	23.75	490
5	20.75	880	10	24	360

解：根据式(3-12)，将测定数据代入并计算，得下列线性方程组

$$\begin{cases} 10A_0 + 202A_1 + 4\,186.625A_2 = 8\,050 \\ 202A_0 + 4\,186.625A_1 + 88\,678.093\,5A_2 = 153\,450 \\ 4\,186.625A_0 + 88\,678.093\,5A_1 + 1\,912\,477.449A_2 = 3\,010\,011.25 \end{cases}$$

解此方程组得：

$$A_0 = -130.908\,923\,4,\ A_1 = 199.402\,660\,2,\ A_2 = -7.385\,448\,308$$

故求得通风机的风压特性方程为：

$$h_f = -130.908\,923\,4 + 199.402\,660\,2q - 7.385\,448\,308q^2$$

最小二乘法拟合风机特性曲线的精度较高，而且还便于进行方差分析，检验所得结果的准确性。缺点是计算量较大，所需数据较多。

最小二乘法特别适用于通风机性能测定后的风机特性方程拟合。当然，从已知通风机特性曲线上取若干个点，也可用最小二乘法进行曲线方程的拟合。

应当指出，无论是拉格朗日插值法还是最小二乘法，对于二次多项式表示的特性方程，其所需的数据点至少 3 个以上。对于 n 次多项式表示的特性方程，至少需要 $n+1$ 个以上的数据点。

除了上述两种方法外，求风机特性方程的方法还有样条插值法、分段直线插值法、直接求解法等。

3.1.3　通风机特性方程的变换

由通风学知，对同一类型的风机，其主要工作参数之间的关系服从比例定律。从一台风机的个体特性曲线，利用比例定律可以求出另一台同类型风机的个体特性曲线，还可求出该类风机的类型特性曲线。若已知某风机的类型特性曲线，也可以求出该类型风机在特定转速和直径条件下的个体风机特性曲线。那么，通风机的特性方程之间，也必然存在着这种关系。

3.1.3.1　个体风机特性方程的变换

同一类型的风机，当其工作风阻不变时，其工作参数的变化遵循比例定律

$$\frac{h_{f1}}{h_{f2}} = \frac{\rho_1}{\rho_2}\frac{r_1^2}{r_2^2}\frac{D_1^2}{D_2^2} \tag{3-13}$$

$$\frac{q_1}{q_2} = \frac{r_1}{r_2}\frac{D_1^3}{D_2^3} \tag{3-14}$$

$$\frac{N_1}{N_2} = \frac{\rho_1}{\rho_2}\frac{r_1^3}{r_2^3}\frac{D_1^5}{D_2^5} \tag{3-15}$$

$$\eta_1 = \eta_2 \tag{3-16}$$

式中　ρ_i——第 i 台风机工作介质的密度，kg/m³；

　　　r_i——第 i 台风机的转速，r/min；

　　　D_i——第 i 台风机的直径，m。

若已知一台风机的个体特性方程，则可由比例定律求出另一台同类型但不同转速、不同

直径的风机个体特性方程。即由某一台风机的特性方程系数 A_{i1}、B_{i1}、C_{i1}，求出另一台同类型风机的特性方程系数 A_{i2}、B_{i2}、C_{i2}。

（1）风压特性方程的变换

设两台同类型风机个体风压特性方程分别为：

$$h_{f1} = A_{01} + A_{11}q_1 + A_{21}q_1^2 + \cdots + A_{n1}q_1^n \tag{3-17}$$

$$h_{f2} = A_{02} + A_{12}q_2 + A_{22}q_2^2 + \cdots + A_{n2}q_2^n \tag{3-18}$$

为便于描述，令

$$K_1 = \frac{\rho_2}{\rho_1} \frac{r_2^2}{r_1^2} \frac{D_2^2}{D_1^2} \tag{3-19}$$

$$K_2 = \frac{r_1}{r_2} \frac{D_1^3}{D_2^3} \tag{3-20}$$

故式(3-13)和式(3-14)可写成：

$$h_{f1} = K_1^{-1} h_{f2} \tag{3-21}$$

$$q_1 = K_2 q_2 \tag{3-22}$$

将式(3-21)和式(3-22)代入式(3-17)得：

$$h_{f2} = A_{01}K_1 + A_{11}K_1K_2q_2 + A_{21}K_1K_2^2q_2^2 + \cdots + A_{n1}K_1K_2^nq_2^n \tag{3-23}$$

比较式(3-23)和式(3-18)得：

$$A_{02} = A_{01}K_2, A_{12} = A_{11}K_1K_2, A_{22} = A_{21}K_1K_2^2, \cdots, A_{n2} = A_{n1}K_1K_2^n$$

写成一般式：

$$A_{i2} = A_{i1}K_1K_2^i \quad i = 0,1,2,\cdots,n \tag{3-24}$$

式(3-24)即为两台同类型风机以 n 次多项式表示的风压特性方程变换的关系式。如果选用二次多项式描述，即 $n=2$，则只需令式(3-24)中 $i=0,1,2$ 即可。

（2）效率特性方程的变换

设两台同类型风机个体效率特性方程分别为：

$$\eta_1 = B_{01} + B_{11}q_1 + B_{21}q_1^2 + \cdots + B_{n1}q_1^n \tag{3-25}$$

$$\eta_2 = B_{02} + B_{12}q_2 + B_{22}q_2^2 + \cdots + B_{n2}q_2^n \tag{3-26}$$

将式(3-22)代入式(3-25)得：

$$\eta_2 = B_{01} + B_{11}K_2q_2 + B_{21}K_2^2q_2^2 + \cdots + B_{n1}K_2^nq_2^n \tag{3-27}$$

比较式(3-26)和式(3-27)得：

$$B_{02} = B_{01}, B_{12} = B_{11}K_2, B_{22} = B_{21}K_2^2, \cdots, B_{n2} = B_{n1}K_2^n$$

写成一般式为：

$$B_{i2} = B_{i1}K_2^i \quad i = 0,1,2,\cdots,n \tag{3-28}$$

式(3-28)即为两台同类型风机以 n 次多项式表示的效率特性方程变换的关系式。当用二次多项式表示时，即 $n=2$，则只需令式(3-28)中 $i=0,1,2$ 即可。

在通风网络分析中，对特定运转条件下的通风机进行工况分析与调节时，需要将空气密度为 $\rho = 1.2$ kg/m³、风机额定转速为 r 的风机标准特性方程变换为实际空气密度 ρ' 和实际转速 r' 的风机实际特性方程，此时，由式(3-19)和式(3-20)得：

$$K_1 = \frac{\varrho'}{\varrho} \frac{r'^2}{r^2} \tag{3-29}$$

$$K_2 = \frac{r}{r'} \tag{3-30}$$

对于功率特性方程,也可采用类似的方法进行变换。然而,由于风机轴功率可由风机的工作风量、风压和效率求出,所以,在通风网络分析中,只要确定风机的风压特性方程和效率特性方程即可。

3.1.3.2　风机个体特性方程与类型特性方程之间的变换

由风机理论知,对于某一类型的通风机,其风压系数 $\overline{H}_f$、流量系数 $\overline{Q}$、效率 η、功率系数 $\overline{N}$ 之间,存在着与个体风机工况点参数之间的关系类似的函数关系。这种关系常用类型特性曲线进行描述,也可用类型特性方程进行描述。

类型风压特性方程:

$$\overline{H}_f = a_0 + a_1 \overline{Q} + a_2 \overline{Q} + \cdots + a_n \overline{Q}^n \tag{3-31}$$

类型效率特性方程:

$$\eta = b_0 + b_1 \overline{Q} + b_2 \overline{Q}^2 + \cdots + b_n \overline{Q}^n \tag{3-32}$$

类型功率特性方程:

$$\overline{N} = c_0 + c_1 \overline{Q} + c_2 \overline{Q}^2 + \cdots + c_n \overline{Q}^n \tag{3-33}$$

上述三个方程中,一般情况下,$n=2$ 就可得到足够的精度。为了得到更高的精度,也可取 $n=3$。

通风机的类型特性参数与同类型风机的个体特性参数之间具有如下关系:

$$\overline{H}_f = \frac{h_f}{\rho u^2} \tag{3-34}$$

$$\overline{Q} = \frac{q}{\frac{\pi}{4} D^2 u} \tag{3-35}$$

$$\overline{N} = \frac{1\,000 N}{\frac{\pi}{4} D^2 \rho u^3} \tag{3-36}$$

式中　h_f——同类型个体风机的风压,Pa;

　　　q——同类型个体风机的风量,m^3/s;

　　　N——同类型个体风机的功率,kW;

　　　ρ——空气的密度,一般取标准值 $\rho = 1.2\ kg/m^3$;

　　　u——动轮外缘的圆周速度,m/s。

$$u = \frac{\pi D r}{60} \tag{3-37}$$

式中　r——风机的转速,r/min。

将 $\rho = 1.2\ kg/m^3$ 和式(3-37)代入式(3-34)、式(3-35)和式(3-36)得:

$$\overline{H}_f = \frac{304}{D^2 r^2} h_f \tag{3-38}$$

$$\overline{Q} = \frac{24.3}{D^3 r} q \tag{3-39}$$

$$\overline{N} = \frac{7\ 391\ 507}{D^5 r^3} N \tag{3-40}$$

(1) 类型风压特性方程与个体风压特性方程之间的关系

设同类型的个体风机,在转速为 r、动轮直径为 D 条件下的风压特性方程为:

$$h_f = A_0 + A_1 q + A_2 q^2 + \cdots + A_n q^n \tag{3-41}$$

令

$$K_h = \frac{D^2 r^2}{304}$$

$$K_q = \frac{24.3}{D^3 r}$$

则式(3-38)和式(3-39)可写成:

$$\overline{H}_f = K_h^{-1} h_f \tag{3-42}$$

$$\overline{Q} = K_q q \tag{3-43}$$

将上两式代入式(3-31)得

$$h_f = a_0 K_h + a_1 K_h K_q q + a_2 K_h K_q^2 q^2 + \cdots + a_n K_h K_q^n q^n \tag{3-44}$$

比较式(3-41)和式(3-44)得:

$$A_0 = a_0 K_h, A_1 = a_1 K_h K_q, A_2 = a_2 K_h K_q^2, \cdots, A_n = a_n K_h K_q^n$$

写成一般式:

$$A_i = a_i K_h K_q^i \quad i = 0, 1, 2, \cdots, n \tag{3-45}$$

式(3-45)即为风机类型风压特性方程与个体风压特性方程之间相互变换的关系式。当用二次多项式表示时,即 $n=2$,则只需令式(3-45)中 $i=0,1,2$ 即可。

(2) 类型效率特性方程与个体效率特性方程之间的关系

设同类型的个体风机,在转速为 r、动轮直径为 D 条件下的效率特性方程为:

$$\eta = B_0 + B_1 q + B_2 q^2 + \cdots + B_n q^n \tag{3-46}$$

将式(3-43)代入式(3-32)得:

$$\eta = b_0 + b_1 K_q q + b_2 K_q^2 q^2 + \cdots + b_n K_q^n q^n \tag{3-47}$$

比较式(3-46)与式(3-47)得

$$B_0 = b_0, B_1 = b_1 K_q, B_2 = b_2 K_q^2, \cdots, B_n = b_n K_q^n$$

写成一般式

$$B_i = b_i K_q^i \quad i = 0, 1, 2, \cdots, n \tag{3-48}$$

式(3-48)即为风机类型效率特性方程与个体效率特性方程之间相互变换的关系式。当用二次多项式表示时,即 $n=2$,则只需令式(3-48)中 $i=0,1,2$ 即可。

对于类型功率特性方程,也可用类似的方法推导出通风机的类型功率特性方程和个体功率特性方程之间的关系。

3.2 通风机工况点求解与分析

通风机运转时,其风量、风压、效率、功率及运转稳定性等状况称为通风机的工况。风机的工作风量和风压在坐标图上确定的点称为风机的工况点。由能量守恒定律可知,风机风压用于克服风机的工作阻力,其中工作阻力等于通风网络阻力和自然风压之差,因此,风机的工况点也定义为风机的风压特性曲线与风机工作风阻曲线的交点。工况点的风量、风压以及对应该风量下的功率和效率,称为工况点参数。

3.2.1 通风机合理工作区域的确定

通风机在其特性曲线的合理区域内工作,是保证通风机运转稳定、安全、经济的重要条件,其合理工作区域按以下界限划定。

(1)由于通风机不允许在其特性曲线的驼峰左侧工作,其工作点应在驼峰右侧,而且工作压力应小于通风机最高工作风压的90%,因此通风机合理工作区域的左界为对应0.9倍的通风机最高工作风压的工况点所连成的曲线;

(2)由于通风机的工作效率要求不低于允许的最低效率0.6,故以允许最低效率0.6的等效率曲线作为右界;

(3)对于离心式通风机,如果采用通风机转速调节,则其工作转速不大于允许的最高转速,也不小于允许的最低转速,故离心式通风机的最高工作转速对应的风压特性曲线为上界,而其最低工作转速对应的风压特性曲线为下界;如果离心式通风机采用前导器调节,则以其前导器全开时的叶片角0°的风压特性曲线为上界,而以其前导器允许最大叶片角的风压特性曲线为下界。

对于轴流式通风机,如果采用轮叶安装角调节,则以其最大轮叶安装角 θ_{max} 对应的风压特性曲线为上界,而以其最小轮叶安装角 θ_{min} 对应的风压特性曲线为下界;如果采用某一固定轮叶安装角下的转速调节,则与离心式通风机转速调节的情况相似。

通风机合理的工作区域就是按上述划定的左界、右界、上界和下界的曲线所围成的区域即为该通风机的合理工作区域,如图3-2所示。

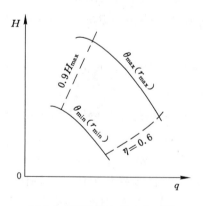

图 3-2 通风机合理工作区域

通风机工况调节与优化选型时,必须保证通风机工况点落在合理的工作区域内。

3.2.2 通风机工况点参数的求解方法

实际运转中的通风机,其工况点参数可以实测获得,当进行通风网络分析时,可用图解法和数学分析法求解通风机的工况点参数。

(1)图解法

将风机风压特性曲线和工作风阻曲线绘在同一坐标系中,两条曲线的交点即为工况点(图3-3中M点)。将通风机的效率曲线用相同的风量横坐标绘入图中,对应于工况点风量的效率就是工况点的效率,然后,由风机轴功率N_{fl}与风量q_{fl}、风压h_{fl}和效率η_{fl}的关系,可用式(3-49)计算出工况点的轴功率。

$$N_{fl} = \frac{h_{fl} q_{fl}}{1\,000 \eta_{fl}} \tag{3-49}$$

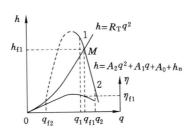

图 3-3 通风机工况分析

(2)数学分析法

在用计算机进行通风网络分析及通风机选择时,往往需要求算风机工况点参数,这时只能采用数学分析法。

在进行通风网络解算等情况下,往往是首先求出通风机的工作风量q_f,然后再求风机的其他工况点参数,此时,只需直接将风量q_f代入式(3-1)、式(3-2)和式(3-3),即可求出风机的工况点风压、效率和功率。

在用计算机进行通风机选择时,往往首先求出风机工作风网的风阻和自然风压,然后再求风机的工况点参数。

设通风机的风压特性方程系数为A_0、A_1和A_2,工作风压为h_f;其工作风网的风阻为R_T,通风阻力为h_T,自然风压为h_n,则有:

$$\begin{cases} h_f + h_n = A_2 q^2 + A_1 q + A_0 + h_n \\ h_T = R_T q^2 \end{cases} \tag{3-50}$$

因为$h_f + h_n = h_T$,故可得:

$$(A_2 - R_T) q^2 + A_1 q + A_0 + h_n = 0 \tag{3-51}$$

直接用代数求根公式得

$$q_{fl} = \frac{-A_1 - \sqrt{A_1^2 - 4(A_2 - R_T)(A_0 + h_n)}}{2(A_2 - R_T)}$$

$$q_{f2} = \frac{-A_1 + \sqrt{A_1^2 - 4(A_2 - R_T)(A_0 + h_n)}}{2(A_2 - R_T)}$$

方程式(3-51)有 2 个实数解,如图 3-3 所示,而且 $q_{f1} > q_{f2}$。因为该方程式的合理工作区间为$[q_1, q_2]$,图 3-3 中曲线左侧段(虚线表示)无实际意义,故 q_{f2} 不是通风机的工作风量。通风机的工作风量应为 $q_f = \max\{q_{f1}, q_{f2}\}$。

当求出通风机的工作风量 q_f 后,则风机的工作风压 f、效率 η 和轴功率 N_f 分别为:

$$h_f = A_0 + A_1 q_f + A_2 q_f^2$$

$$\eta_f = B_0 + B_1 q_f + B_2 q_f^2$$

$$N_f = \frac{h_f q_f}{1\,000 \eta_f}$$

若风机风压特性方程为三次或更高次方程,则无法直接求解,可采用数学中多项式求根的近似方法求解 ,如二分法和牛顿法等。

3.2.3 通风机工况分析

通风机的工况分析,是指求解出通风机在特定通风网络中工作时的工况点参数后,分析其运转稳定性和经济性,以判断风机是否处于合理的工作状况。

对通风机的工况进行分析,首先必须根据具体风机情况,确定出该风机的合理工作区域。通常用两个风量值来限定:一个是风机最高风压的 0.9 倍所对应的风量 q_1;另一个是风机最低允许效率点对应的风量 q_2,这样得到风机风量的合理工作区间$[q_1, q_2]$,如图 3-3 所示。然后按图解法或数学分析法,求出风机的工况点风量 q_f,并按下列进行判断:

若 $q_1 \leqslant q_f \leqslant q_2$,则通风机工况点处于合理工作范围内,运转正常。

若 $q_f \leqslant q_1$,则通风机处于不稳定运转状况,不安全。

若 $q_f \geqslant q_2$,则通风机处于低效率运转状况,不经济。

应当指出,在通风网络解算中,通风机的工作风压是以风压特性方程的形式列入回路风压平衡方程,由于采用迭代求解法,而通风机工作风量 q_f 收敛的正确性决定了通风网络风量收敛的正确性。图 3-3 已表明,在迭代计算中通风机的工作风量既可向 q_{f1} 方向收敛,也可向 q_{f2} 方向收敛,而 q_{f2} 是无意义的解,为了避免迭代向 q_{f2} 方向收敛,有必要对通风机的风压特性方程进行改进。由于在通风机的风量允许工作区间$[q_1, q_2]$以外,其风压特性曲线的左侧为不稳定运转区域,在这个区域内的风机风压特性并不重要,重要的是确定风机工况点是否落入这一区域内,因此对不稳定运转区的特性曲线可用一等压水平线取代,如图 3-4 所示,其中点 1 为风机风压特性曲线上合理工作区域的上界工况点(简称上界点),相应的风量为 q_1,风压为 h_1;点 2 为风机风压特性曲线上合理工作区域的下界工况点(简称下界点),相应的风量为 q_2,风压为 h_2。则通风机风压特性方程可修改为:

$$h_f = \begin{cases} A_0 + A_1 q + A_2 q^2 & q_f > q_1 \\ h_1 & q_f < q_1 \end{cases}$$

通过这样的修改,可保证在计算中通风机工作风量向正确的方向收敛。

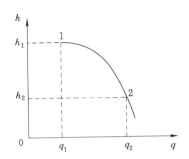

图 3-4 通风机风压特性曲线的修改

3.3 通风机特性参数的计算机存储

在进行通风网络计算机解算时,为了方便调用,通常将通风机特性参数用数据库的形式存入计算机。

3.3.1 通风机特性参数的数据库存储

离心式通风机特性可通过改变其前导器叶片角度或风机转速进行调节,而轴流式通风机特性可通过改变轮叶安装角或风机转速进行调节。由于不同转速下的特性方程符合比例定律,可按式(3-23)和式(3-27)进行变换,所以对于某一台通风机,只需将某一额定转速下、不同前导器叶片角度(离心式通风机)或不同轮叶安装角(轴流式通风机)的特性方程系数和有关参数存入计算机数据库表中,该表的字段包括:风机编号、风机型号、额定转速、额定功率、叶片角(轴流式风机为轮叶安装角、离心式风机为前导器叶片角)、下界点风量、下界点风压、上界点风量、上界点风压、允许最高转速、允许最低转速、风压常数项系数、风压一次项系数、风压二次项系数、效率常数项系数、效率一次项系数、效率二次项系数、效率三次项系数、功率常数项系数、功率一次项系数、功率二次项系数、功率三次项系数。其中,风机编号是区别不同风机特性曲线的唯一代码,由风机类型代码、型号、动轮直径、转速、一二级动轮叶片安装角、一二级动轮叶片数等特征参数组成。比如风机编码为 ABDNo24-580-33/30,第一代码 A 表示轴流式风机(离心式风机为 B),BDNo24 为对旋轴流式风机的型号和直径、580-33/30 为转速 580 r/min、一级动轮叶片安装角为 33°、二级动轮叶片安装角为 30°。如图 3-5 所示,通风机特性曲线表中每一条记录对应了某一编号的通风机特性参数。

3.3.2 通风机特性方程系数计算的流程图

(1) 应用拉格朗日二次插值法计算通风机风压特性方程系数的流程图

已知某台通风机的某条风压特性曲线,取其上三个插值基点 (q_1,h_{f1})、(q_2,h_{f2}) 和 (q_3,h_{f3}),对应的风量向量为 $\boldsymbol{Q}=(q_1,q_2,q_3)$、风压向量为 $\boldsymbol{H}=(h_{f1},h_{f2},h_{f3})$,对应的风压特性方程系数向量为 $\boldsymbol{A}=(A_0,A_1,A_2)$。应用拉格朗日二次插值法,计算通风机风压特性方程系数的流程图如图 3-6 所示。

(2) 应用最小二乘法计算通风机特性方程系数的流程图

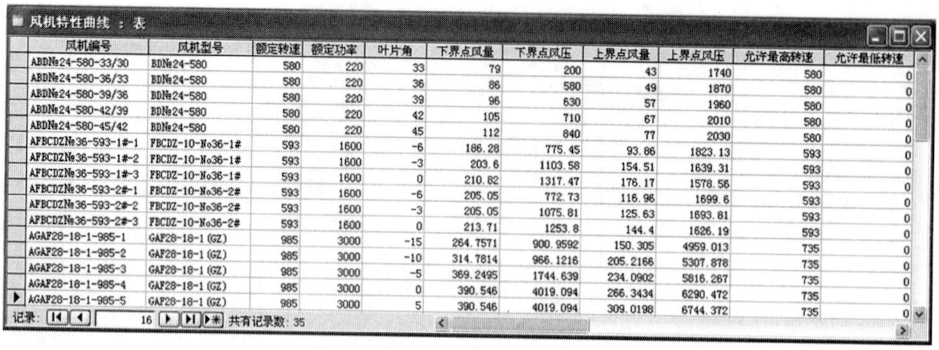

风机特性曲线：表

风机编号	风机型号	额定转速	额定功率	叶片角	下界点风量	下界点风压	上界点风量	上界点风压	允许最高转速	允许最低转速
ABDN№24-580-33/30	BDN№24-580	580	220	33	79	200	43	1740	580	0
ABDN№24-580-36/33	BDN№24-580	580	220	36	86	580	49	1870	580	0
ABDN№24-580-39/36	BDN№24-580	580	220	39	96	630	57	1960	580	0
ABDN№24-580-42/39	BDN№24-580	580	220	42	105	710	67	2010	580	0
ABDN№24-580-45/42	BDN№24-580	580	220	45	112	840	77	2030	580	0
AFBCDZN№36-593-1#-1	FBCDZ-10-№36-1#	593	1600	-6	186.28	775.45	93.86	1823.13	593	0
AFBCDZN№36-593-1#-2	FBCDZ-10-№36-1#	593	1600	-3	203.6	1103.58	154.51	1639.31	593	0
AFBCDZN№36-593-1#-3	FBCDZ-10-№36-1#	593	1600	0	210.82	1317.47	176.17	1578.56	593	0
AFBCDZN№36-593-2#-1	FBCDZ-10-№36-2#	593	1600	-6	205.05	772.73	116.96	1699.6	593	0
AFBCDZN№36-593-2#-2	FBCDZ-10-№36-2#	593	1600	-3	205.05	1075.81	125.63	1693.81	593	0
AFBCDZN№36-593-2#-3	FBCDZ-10-№36-2#	593	1600	0	213.71	1253.8	144.4	1626.19	593	0
AGAF28-18-1-985-1	GAF28-18-1 (GZ)	985	3000	-15	264.7571	900.9592	150.305	4959.013	735	0
AGAF28-18-1-985-2	GAF28-18-1 (GZ)	985	3000	-10	314.7814	966.1216	205.2166	5307.878	735	0
AGAF28-18-1-985-3	GAF28-18-1 (GZ)	985	3000	-5	369.2495	1744.639	234.0902	5816.267	735	0
AGAF28-18-1-985-4	GAF28-18-1 (GZ)	985	3000	0	390.546	4019.094	266.3434	6290.472	735	0
AGAF28-18-1-985-5	GAF28-18-1 (GZ)	985	3000	5	390.546	4019.094	309.0198	6744.372	735	0

记录：｜◀ ◀ 16 ▶ ▶｜ ▶＊ 共有记录数：35

图 3-5 通风机特性数据库表

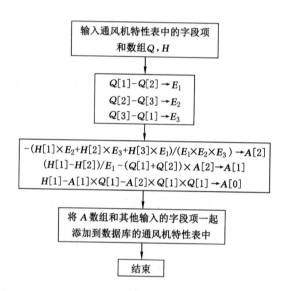

图 3-6 拉格朗日插值法计算风压特性方程系数的流程图

已知某台通风机在额定转速、某一前导器叶片角(离心式通风机)或某一轮叶安装角(轴流式通风机)下、通过测定得到 k 个风机工况点,每个点对应有风量 q_j、风压 h_{fj}、效率 η_j 和功率 N_j,其中 $j=1,2,\cdots,k,k\geqslant3$。则可建立对应的风量向量 $\boldsymbol{Q}=(q_1,q_2,\cdots,q_k)$、风压向量 $\boldsymbol{H}=(h_{f1},h_{f2},\cdots,h_{fk})$、效率向量 $\boldsymbol{Y}=(\eta_1,\eta_2,\cdots,\eta_k)$,功率向量 $\boldsymbol{N}=(N_1,N_2,\cdots,N_k)$,可分别建立如式(3-12)所示的线性方程组,解此方程组,求出该通风机某一特性方程系数。现以拟合通风机二次风压特性方程为例,为了便于计算,引入中间变量:

$$\boldsymbol{ZQ}=\left(k,\sum_{j=1}^{k}q_j,\sum_{j=1}^{k}q_j^2,\sum_{j=1}^{k}q_j^3,\sum_{j=1}^{k}q_j^4\right)$$

$$\boldsymbol{ZH}=\left(\sum_{j=1}^{k}h_{fj},\sum_{j=1}^{k}(h_{fj}q_j),\sum_{j=1}^{k}(h_{fj}q_j^2)\right)$$

并用 3×3 矩阵 $\boldsymbol{T}$ 作为式(3-12)的系数矩阵,$\boldsymbol{ZH}$ 为式(3-12)的右边常数项向量,求式(3-12)线性方程组的解,得到通风机风压特性方程的系数向量 $\boldsymbol{A}=(A_0,A_1,A_2)$,具体的求解过程如图 3-7 所示,相应的 C 语言源程序见附录1。

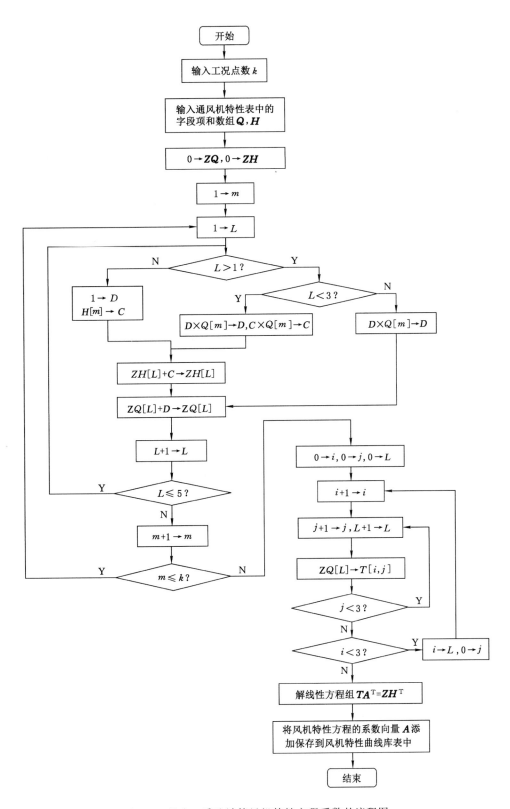

图 3-7 最小二乘法计算风机特性方程系数的流程图

3.4 通风机工况调节

通风网络通过风量的多少主要取决于通风机的工况。在通风机的转速或者轮叶安装角不变的条件下,如果通风网络风阻发生变化,通风机的工况点也随之而改变,造成通风网络总风量的变动。但是通风网络所需风量是由生产的需要确定的,如果不依据通风网络风阻或需风量的变化而相应调节通风机特性和工况,则难以满足生产用风的要求。从这一意义来说,通风机不仅是通风网络的动力,而且也是通风网络风量控制的主要设备之一。

3.4.1 通风机工况调节方法

调节通风机工况通常使用以下几种方法:

(1)通风机转速的调节

通风机的性能是按照通风机比例定律而变化的,如式(3-52)所示。通常改变通风机转速可增加或减少通风机的风量。可是应当知道,如果通风网络风阻不变,风量增加10%,则需增加功率33%。相对来说,风量增加10%是无足轻重的,而功率增加33%通常要比电动机设计安全系数大许多,所以,在一般情况下,通风机的实际转速不应超过允许的最大转速,其实际功率也不应超过电动机的额定功率,否则,需要考虑更换新的通风机或电动机。

$$\frac{r_1}{r_2} = \frac{q_{f1}}{q_{f2}} = \sqrt{\frac{h_{f1}}{h_{f2}}} = \sqrt[3]{\frac{N_{f1}}{N_{f2}}} \tag{3-52}$$

改变通风机转速的方法通常有皮带轮传动调速、双速电动机调速、液力或磁力联轴器调速,以及电动机变频器调速等。通风机调速方式分有级和无级调速两种。一般无级调速技术难度大,设备复杂,但调速范围广,效率高,其成本要高于有级调速技术。

应当指出,通风机转速调节方法既适用于离心式通风机,也适用于轴流式通风机。

(2)风硐闸板的调节

通过调节风硐闸板的高度来增大通风机的工作风阻,达到减少通风网络总风量的目的。该方法最大的优点是简单易行,而缺点是在闸板上要消耗一定量的能耗,调节幅度越大,能耗则越大。对于离心式通风机,由于其功率是随风量的减小而降低,而对于轴流式通风机,其功率是随风量的减小而增大。因此,这种方法只适用于离心式通风机工况调节幅度不大的情况。

(3)前导器叶片角的调节

对于安装有前导器的离心式通风机,可以通过改变前导器的叶片角度,使进入叶轮的风流方向发生变化,从而改变离心式通风机的特性。调节前导器叶片角与调节风硐闸板相似,都属于增阻调节,要消耗一定量的能耗,但要比风硐闸板的能耗小,手动调节更加便捷。这种方法也只适用于安装有前导器的离心式通风机的工况调节。

(4)轴流式通风机轮叶安装角的调节

轴流式通风机工作特性与其轮叶安装角有很大的关系。轴流式通风机的轮叶安装角越大,其工作风量和风压越大。对于矿用的轴流式通风机一般都可手动调节轮叶安装角,有些先进的轴流式通风机采用液压控制技术可以在不停机的情况下实现自动调节轮叶安装角。这种方法工况调节的范围广、调节效率高,便于实现调节的自动化,但只适用于轮叶可调的轴流式通风机的工况调节。

3.4.2 通风机工况优化调节算法

通风机工况常规调节方法可分为风机转速、叶片安装角、前导器叶片角或风硐闸板的调节三种类型。风机转速调节既适用于离心式通风机，也适用于轴流式通风机，而调节叶片安装角只适用于轴流式通风机，调节前导器叶片角或风硐闸板只适用于离心式通风机。

在进行通风机工况调节计算之前，必须事先建立包含所用风机不同特性曲线的数据库表。

（1）通风机转速优化调节计算的算法

通风机转速优化调节计算流程如图 3-8 所示。具体算法步骤如下：

① 输入被调风机的特征参数：风机编号、风机型号；输入风机调节目标参数：风机风量 q_o、风网阻力 h、风网风阻 R_o、自然风压 h_n、风机风压 $h_o = h - h_n$，以及风机调节方式。

② 在风机特性数据库表中筛选出与所用风机同型号的各条风机特性曲线，按风机能力由小到大顺序排列成组，并统计通风机特性曲线数目。

③ 从筛选出的风机特性曲线组中，按通风机能力由小到大的顺序取出一条风机特性曲线进行尝试，即读入当前风机转速 r_1 及其对应的风压特性方程系数向量 $\boldsymbol{A}$，效率特性方程系数向量 $\boldsymbol{B}$，上下界点的风量 q_1、q_2 和风压 h_1、h_2，允许最高最低转速 r_{max} 和 r_{min}。

④ 如果所用风机的调节方式为无级调速或有级调速，则根据风机允许的最高和最低转速，计算出该台风机可达到的最大和最小风量。

⑤ 判断风机调节目标风量是否在风量范围内，如果否，转步骤⑩；如果是，则执行下一步。

⑥ 利用风机风压特性曲线的上下界点的风量和风压，计算相应的合理风网风阻区间 $[R_2, R_1]$，判断该台风机调节目标风网风阻是否在区间 $[R_2, R_1]$ 内，如果否，则转步骤⑩；如果是，则求出该台风机在转速 r_1 下的工况点风量 q_f 和风压 h_f，并与风机调节目标风量 q_o 和风压 h_o 相比，求出最大调速值 $s = \max\{q_o/q_f, \sqrt{h_o/h_f}\}$，$r_2 = r_1 s$，并进行取整。

⑦ 判断调速值是否在该台风机允许的最高和最低转速范围内，如果该调速值小于最低转速，则取调速值为最低转速，转下一步；如果调速值大于最高转速，则转步骤⑩。如果调速值在允许的范围内，则转下一步。

⑧ 根据该风机可行的调速值，按风机比例定律，计算调速后实际工况点的风量、风压、效率、功率以及风机特性曲线的编号。

⑨ 判断风机实际工况点风压（或风量）是否大于等于风机调节目标风压（或风量），如果是则输出风机编号及实际工况点参数，转步骤⑪；否则转步骤⑩。

⑩ 判断风机特性曲线组中所有的风机特性曲线是否全部尝试过，如果是，则提示风机工况越界，需更换新风机，转步骤⑪；否则转步骤③。

⑪ 结束。

（2）通风机叶片安装角（或前导器叶片角）优化调节计算的算法

通风机叶片安装角优化调节计算流程如图 3-9 所示。具体算法步骤如下：

① 输入被调风机的特征参数：风机编号、风机型号；输入风机调节目标参数：风机风量 q_o、风网阻力 h、风网风阻 R_o、自然风压 h_n、风机风压 $h_o = h - h_n$，以及风机调节方式。

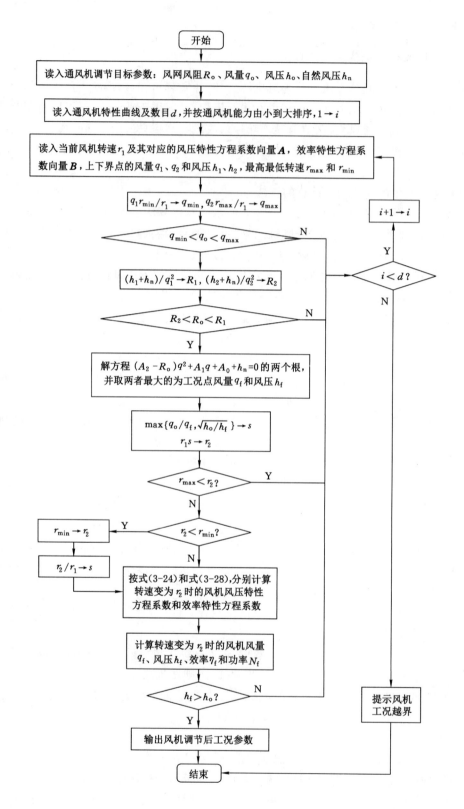

图 3-8 通风机不同叶片角下转速调节计算的流程图

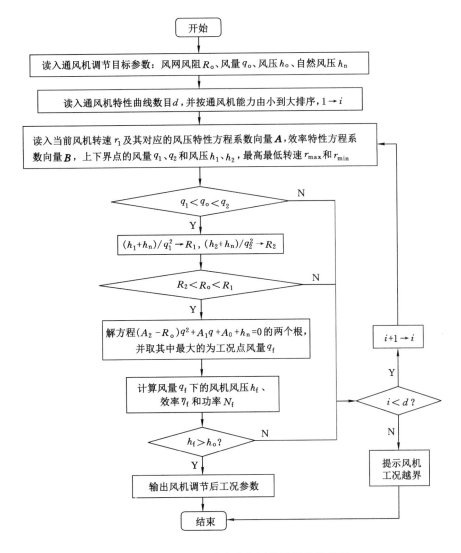

图 3-9　通风机叶片安装角调节计算的流程图

② 在风机特性数据库表中筛选出与所用风机同型号不同叶片安装角的各条风机特性曲线,按风机能力(叶片安装角)由小到大顺序排列成组。

③ 从筛选出的风机特性曲线组中,按通风机能力由小到大的顺序取出一条风机特性曲线进行尝试,即读入当前风机叶片安装角下风压特性方程系数向量 A,效率特性方程系数向量 B,上下界点的风量 q_1、q_2 和风压 h_1、h_2,最高最低转速 r_{max} 和 r_{min}。

④ 如果所用风机的调节方式为叶片安装角调节,则根据当前叶片安装角下风机合理的风量区间 $[q_1, q_2]$,判断风机调节目标风量是否在此区间 $[q_1, q_2]$ 内。

⑤ 如果不在区间 $[q_1, q_2]$ 内,则转步骤⑧;如果在区间 $[q_1, q_2]$ 内,则执行下一步。

⑥ 利用风机风压特性曲线的上下界风量、风压和自然风压,计算相应的风网合理风阻区间 $[R_2, R_1]$,判断该台风机调节目标风网风阻是否在区间 $[R_2, R_1]$ 内,如果否,则转步骤⑧;如果是,则求出该风机某叶片安装角下实际工况点的风量 q_f 和风压 h_f。

⑦ 如果该风机某叶片安装角下实际工况点风量（或风压）大于等于风机调节目标风量（或风压），则该风机特性曲线是可用的，计算风机实际工况点参数。由于风机特性曲线是按风机能力由小到大的顺序进行尝试，因此第一次选出的风机特性曲线自然保证了功率消耗也是最小的，转步骤⑨；否则转下一步。

⑧ 判断风机特性曲线组中所有的风机特性曲线是否全部尝试过，如果是，则提示该风机调节不可行，需更换新风机，转步骤⑩；否则执行步骤③。

⑨ 输出风机编号及实际工况点参数。

⑩ 结束。

3.5　通风机优化选型

3.5.1　通风机优化选型算法

如果在通风网络服务年限内，网络拓扑结构是动态变化的，则需要确定通风容易和困难两个时期的风机设计参数：容易时期的设计风量、阻力和风阻，困难时期的设计风量、阻力和风阻。如果在通风网络整个服务年限内，网络拓扑结构是不变的，风机设计参数只有一组，即设计风量、设计阻力和设计风阻。与风机工况优化调节一样，在进行通风机优化选型之前，必须事先建立包含所用风机的所有不同特性曲线的数据库。

通风机优化选型的方式可分为选离心式通风机、选轴流式通风机和任选三种。对于选离心式通风机，其工况采用转速无级调节的算法流程见图 3-10。对于选轴流式通风机，其工况采用动轮叶片安装角有级调节的算法流程见图 3-11。对于这三种方式均适用的具体算法步骤如下：

① 风机特性数据表按风机编号（风机能力由小到大）排序，并按选风机要求（有选轴流式通风机、离心式通风机、任选三种）和风机同型号形成分组待选风机集合，统计风机分组数目 d，读入风机额定转速 r，风压和效率特性方程系数向量 $\boldsymbol{A}$ 和 $\boldsymbol{B}$，上下界点的风量 q_1、q_2 和风压 h_1、h_2，允许最高最低转速 r_{max} 和 r_{min}。

② 读入通风容易时期的风网设计风阻 R_{o1}、设计风机风量 q_{o1}、设计风机风压 h_{o1} 和自然风压 h_{n1}，以及通风困难时期的风网设计风阻 R_{o2}、风机风量 q_{o2}、风机风压 h_{o2}、自然风压 h_{n2}。

③ 给所选风机型号 FanType 赋空字符串，给通风容易和困难两时期平均最小功率 N 赋足够大的初值。

④ 令 $i=1$。

⑤ 从分组 i 待选风机集合 F_i 中按顺序取出一条风机特性曲线。

⑥ 如果是离心式通风机，按转速调节方式选风机，执行下一步骤⑦。如果是轴流式通风机，按叶片角调节方式选风机，转步骤⑱。

⑦ 根据离心式通风机额定转速 r、允许最高最低转速 r_{max} 和 r_{min}，计算离心式通风机的允许最小和最大风量。

⑧ 判断通风容易和困难两时期设计风量是否满足 $q_{min} < q_{o1} < q_{max}$ 且 $q_{min} < q_{o2} < q_{max}$，如果满足转下一步骤⑨。否则转步骤㉕。

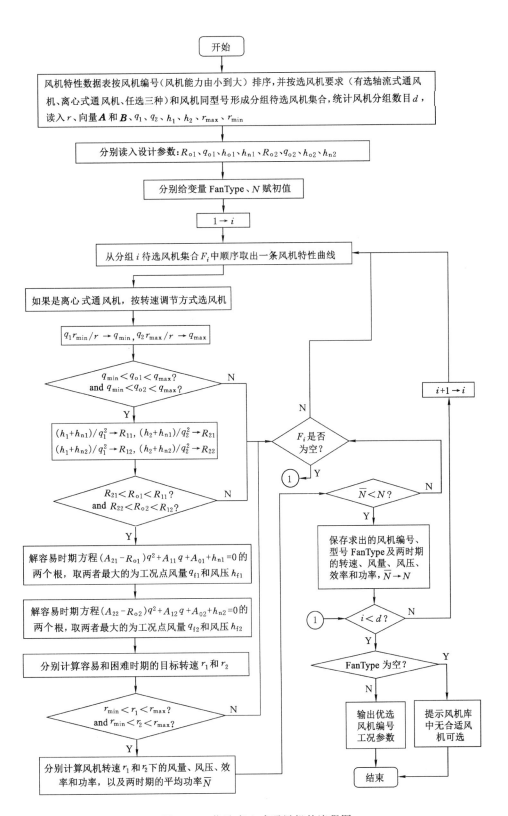

图 3-10　优选离心式通风机的流程图

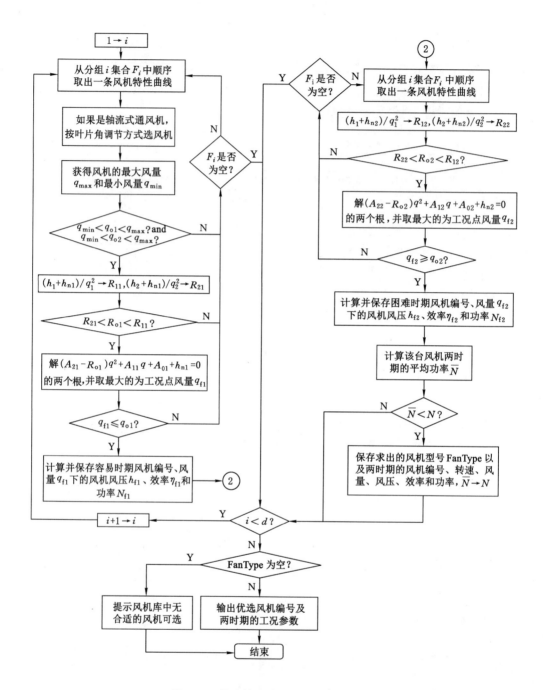

图 3-11　优选轴流式通风机的流程图

⑨ 计算通风容易和困难时期离心式通风机风压特性曲线允许的风网最大最小风阻：

$$R_{11}=(h_1+h_{n1})/q_1^2, R_{21}=(h_2+h_{n1})/q_2^2$$
$$R_{12}=(h_1+h_{n2})/q_1^2, R_{22}=(h_2+h_{n2})/q_2^2$$

⑩ 判断通风容易和困难两时期风网设计风阻是否满足 $R_{21}<R_{o1}<R_{11}$ 且 $R_{22}<R_{o2}<R_{12}$，如果满足转下一步骤⑪；否则转步骤㉕。

⑪ 解通风容易时期方程$(A_2 - R_{01})q^2 + A_1 q + A_0 + h_{n1} = 0$ 的两个根,取其中最大的为风机工况点风量 q_{f1} 和风压 h_{f1}。

⑫ 解通风困难时期方程$(A_2 - R_{02})q^2 + A_1 q + A_0 + h_{n2} = 0$ 的两个根,取其中最大的为风机工况点风量 q_{f2} 和风压 h_{f2}。

⑬ 分别计算通风容易和困难两时期的风机转速 $s_1 = \max\{q_{o1}/q_{f1}, \sqrt{h_{o1}/f_{f1}}\}$,$r_1 = r \cdot s_1$ 和 $s_2 = \max\{q_{o2}/q_{f2}, \sqrt{h_{o2}/h_{f2}}\}$,$r_2 = r \cdot s_2$。

⑭ 判断是否满足 $r_{min} < r_1 < r_{max}$ 且 $r_{min} < r_2 < r_{max}$,如果满足转下一步骤⑮,否则转步骤㉕。

⑮ 分别计算风机转速 r_1 和 r_2 下的风量、风压、效率和功率,以及两时期的平均功率 $\overline{N}$。

⑯ 判断是否满足 $\overline{N} < N$,如果满足转下一步骤⑰,否则转步骤㉕。

⑰ 保存求出的离心式风机编号和型号 FanType、两时期的风机转速、风量、风压、效率、功率,以及平均功率 $N = \overline{N}$。转步骤㊱。

⑱ 获取当前轴流式通风机合理工作范围内的最大风量 q_{max} 和最小风量 q_{min}。

⑲ 判断是否满足 $q_{min} < q_{o1} < q_{max}$ 且 $q_{min} < q_{o2} < q_{max}$,如果满足转下一步骤⑳;否则转步骤㉕。

⑳ 计算通风容易时期轴流式通风机风压特性曲线允许的风网最大风阻 $R_{11} = (h_1 + h_{n1})/q_1^2$ 和最小风阻 $R_{21} = (h_2 + h_{n1})/q_2^2$。

㉑ 判断不等式 $R_{21} < R_{o1} < R_{11}$ 是否满足,如果满足转下一步骤㉒;否则转步骤㉕。

㉒ 解方程 $A_{21} - R_{o1}q^2 A_{11}q + A_{01} + h_{n1} = 0$ 的两个根,并取其中最大的为风机工况点风量 q_{f1}。

㉓ 判断是否满足 $q_{f1} \geqslant q_{o1}$,如果满足转下一步骤㉔,否则转步骤㉕。

㉔ 计算并保存容易时期的轴流式通风机编号、型号、转速,以及风量 q_{f1} 下的风机风压 h_{f1}、效率 η_{f1} 和功率 N_{f1}。转步骤㉖。

㉕ 判断集合 F_i 是否为空,若 F_i 不为空则转步骤⑤,否则转步骤㊱。

㉖ 从当前分组 i 集合 F_i 中按顺序取出一条轴流式风机的风压特性曲线。

㉗ 计算通风困难时期的轴流式通风机风压特性曲线允许的风网最大风阻 $R_{12} = (h_1 + h_{n2})/q_1^2$ 和最小风阻 $R_{22} = (h_2 + h_{n2})/q_2^2$。

㉘ 判断通风困难时期风网设计风阻是否满足 $R_{22} < R_{o2} < R_{12}$,如果满足转下一步骤㉙;否则转步骤㉛。

㉙ 解方程 $A_{22} - R_{o2}q^2 A_{22}q + A_{02} + h_{n2} = 0$ 的两个根,并取其中最大的为风机工况点风量 q_{f2}。

㉚ 判断是否满足 $q_{f2} \geqslant q_{o2}$,如果满足转步骤㉜,否则转下一步骤㉛。

㉛ 判断集合 F_i 是否为空,若 F_i 不为空则转步骤㉖,否则转步骤㊱。

㉜ 计算并保存通风困难时期的轴流式通风机编号、型号、转速,以及风量 q_{f2} 下的风机风压 h_{f2}、效率 η_{f2} 和功率 N_{f2}。

㉝ 计算通风容易和困难两时期轴流式通风机的平均功率 $\overline{N}$。

㉞ 判断是否满足 $\overline{N} < N$,如果满足转步骤㉟,否则转下一步骤㊱。

㉟ 保存求出的轴流式风机型号 FanType，以及两时期的风机编号、转速、风量、风压、效率、功率，以及平均功率 $N=\overline{N}$，转下一步骤㊱。

㊱ 判断是否满足 $i<d$，如果满足，则令 $i=i+1$，转步骤⑤；否则转步骤㊲。

㊲ 判断所选风机型号是否不为空，如果是则输出优选风机编号及其工况参数；否则提示风机库中无合适风机可选。

㊳ 结束。

上述风机优选算法中，选离心式通风机时其工况采用无级调节转速的方法，如果对于采用有级转速调节，只需将每个转速下的风机特性方程系数输入到数据库中并将其作为同型号风机排列在一组内，其优选算法与选轴流式通风机采用动轮叶片安装角调节工况的算法相同。

3.5.2　通风机优化选型程序操作

如图 3-12 所示的通风机优化选型对话框，首先输入通风机容易和困难两时期的设计参数：设计风量、设计阻力（风网通风阻力）、自然风压和设计风阻（风网风阻），然后在"任选一类型风机"、"选轴流式通风机"和"选离心式通风机"三选一，最后按下对话框的工具栏中的添加按钮，则可自动在风机特性数据库中选择出通风机两时期平均功率消耗最小的一台通风机，并将最优风机编号及其两时期的实际工况参数自动添加到风机优选参数表中。

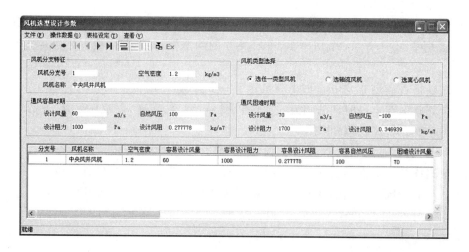

图 3-12　通风机优化选型对话框

思考与练习题

3-1　主要通风机运行合理范围是什么？

3-2　通风机特性曲线包括哪几条？

3-3　通风机特性曲线拟合的方法有几种？

3-4　通风机工况点如何求算？

3-5　在通风网络解算过程中,由于采用代数方法求风机工况点时存在两个解,因此会有两种迭代收敛趋势,为了保证风机工况点迭代收敛于真实工况点,应对通风机特性曲线最高压力点左侧部分(不稳定区)的特性曲线作何修改?

3-6　简述通风机工况优化调节的基本原理和方法。

3-7　简述通风机优选的基本原理和方法。

4 复杂通风网络自然分风解算

所谓复杂通风网络是由众多分支组成的包含串联、并联和角联在内的结构复杂的风网，其风量分配不能用解析法直接求解，只能用数值模拟法进行求解。复杂通风网络自然分风解算是指按给定的通风网络结构、已知的各分支风阻、空气密度和通风动力的前提下，求解风流在风网内自然分配时各分支的风量和阻力的方法。随着电子计算机技术的发展和应用普及，研究复杂通风网络自然分风解算的数学模型、便于计算机编程和快速收敛的算法成为热点，涌现出多种通风网络自然分风解算的数值计算方法。目前，复杂通风网络自然分风解算方法可分为两大类：一类是回路流量法，另一类是节点风压法。本章对这两类方法进行讨论。

4.1 回路流量法

回路流量法是以余树弦质量流量作为独立变量，按基本回路风压平衡定律列方程求解的方法。

4.1.1 基本原理

回路流量法进行通风网络自然分风解算的原理如下：

① 设通风网络的余树弦质量流量向量为独立变量向量，记作 $\boldsymbol{G}_y = (G_{y1}, G_{y2}, \cdots, G_{yb})$，$b = n - m + 1$，树枝风量可由 b 个余树弦质量流量表示。对应每条余树弦有一个基本回路，故余树弦质量流量也称为回路质量流量，余树弦的风向规定为回路的方向。

② 对基本回路列风压平衡方程，有：

$$\boldsymbol{CH}_r - \boldsymbol{CH}_f - \boldsymbol{CH}_z = 0 \tag{4-1}$$

③ 对节点列质量流量平衡方程，考虑各分支空气密度不同，有：

$$\boldsymbol{BG} = 0 \tag{4-2}$$

或：

$$\boldsymbol{G}_s = -\boldsymbol{B}_{12}^{-1} \boldsymbol{B}_{11} \boldsymbol{G}_y \tag{4-3}$$

式中 $\boldsymbol{B}$ 为基本关联矩阵，通常可取总出风节点（汇点）为参考节点的基本关联矩阵；$\boldsymbol{B}_{11}$ 是余树弦对应的子块矩阵；$\boldsymbol{B}_{12}$ 是生成树树枝对应的子块矩阵；$\boldsymbol{G}_s$ 是生成树树枝质量流量向量；$\boldsymbol{G}_y$ 是余树弦质量流量向量；$\boldsymbol{G}$ 是分支质量流量向量。

式(4-2)中每一行表示了一个节点的质量流量平衡方程。如果节点 i 存在外入或外出质量流量（常量），则方程式(4-2)左侧不为零，而等于外入或外出质量流量，即式(4-2)可改写为：

$$\sum_{j=1}^{n} b_{ij} G_j = \pm F_i \quad i=1,2,\cdots,m-1 \tag{4-4}$$

式中,F_i 表示节点 i 上外入或外出质量流量,其前面的符号:外入流量取正,外出流量取负。

当不存在外入或外出的节点时,也可以用余树弦质量流量表示各分支的质量流量,即:

$$\boldsymbol{G} = \boldsymbol{C}^{\mathrm{T}} \boldsymbol{G}_{\mathrm{y}}$$

或:

$$G_j = \sum_{i=1}^{b} c_{ij} G_{\mathrm{y}i} \quad j=1,2,\cdots,n \tag{4-5}$$

根据分支质量流量与体积流量的关系,有

$$q_j = G_j / \rho_j \quad j=1,2,\cdots,n \tag{4-6}$$

根据通风阻力定律,考虑到允许分支风流反向,风量用质量流量代替,则有:

$$\boldsymbol{H}_{\mathrm{r}} = \begin{pmatrix} R_1 \mid q_1 \mid q_1 \\ R_2 \mid q_2 \mid q_2 \\ \vdots \\ R_n \mid q_n \mid q_n \end{pmatrix} = \begin{pmatrix} \dfrac{R_1}{\rho_1^2} & & & 0 \\ & \dfrac{R_2}{\rho_2^2} & & \\ & & \ddots & \\ 0 & & & \dfrac{R_n}{\rho_n^2} \end{pmatrix} \begin{pmatrix} \mid G_1 \mid & & & 0 \\ & \mid G_2 \mid & & \\ & & \ddots & \\ 0 & & & \mid G_n \mid \end{pmatrix} \begin{pmatrix} G_1 \\ G_2 \\ \vdots \\ G_n \end{pmatrix}$$

$$= \boldsymbol{R}_{\rho\mathrm{diag}} \mid \boldsymbol{G} \mid_{\mathrm{diag}} \boldsymbol{G} \tag{4-7}$$

式中,$\boldsymbol{R}_{\rho} = \left(\dfrac{R_1}{\rho_1^2}, \dfrac{R_2}{\rho_2^2}, \cdots, \dfrac{R_n}{\rho_n^2}\right)$ 为分支风阻与空气密度平方之比的列向量,$\boldsymbol{G} = (G_1, G_2, \cdots, G_n)^{\mathrm{T}}$ 为分支质量流量列向量,下标 diag 表示由向量构成的对角矩阵。

则式(4-1)可写成下列形式:

$$\boldsymbol{C} \boldsymbol{R}_{\rho\mathrm{diag}} \mid \boldsymbol{G} \mid_{\mathrm{diag}} \boldsymbol{G} - \boldsymbol{C} \boldsymbol{H}_{\mathrm{f}} - \boldsymbol{C} \boldsymbol{H}_{\mathrm{z}} = 0 \tag{4-8}$$

式中,$\boldsymbol{C}$ 为基本回路矩阵;$\boldsymbol{H}_{\mathrm{f}}$ 为分支上风机风压列向量[将风机风压与风量的关系,用式(4-6)转化为与质量流量的关系];$\boldsymbol{H}_{\mathrm{z}}$ 为分支位压差;$\boldsymbol{H}_{\mathrm{n}} = \boldsymbol{C} \boldsymbol{H}_{\mathrm{z}}$ 为回路自然风压列向量。

将式(4-8)用余树弦质量流量表示的回路风压平衡方程为:

$$\boldsymbol{C} \boldsymbol{R}_{\rho\mathrm{diag}} \mid \boldsymbol{C}^{\mathrm{T}} \boldsymbol{G}_{\mathrm{y}} \mid_{\mathrm{diag}} \boldsymbol{C}^{\mathrm{T}} \boldsymbol{G}_{\mathrm{y}} - \boldsymbol{C} \boldsymbol{H}_{\mathrm{f}} - \boldsymbol{H}_{\mathrm{n}} = 0 \tag{4-9}$$

式(4-9)即为通风网络自然分风解算的数学模型。它是一个由 b 个独立变量和 b 个方程组成的非线性方程组,求解它即可求得 b 个余树弦质量流量。再利用余树弦质量流量求出树枝分支的质量流量,即 $\boldsymbol{G}_{\mathrm{s}} = \boldsymbol{C}_{12}^{\mathrm{T}} \boldsymbol{G}_{\mathrm{y}}$。

最后,由分支风阻、空气密度、质量流量求得风量和分支阻力。

对于非线性方程组(4-9),一般只能采用数值计算的方法。理论上,一切用于求解非线性方程组的算法都可以采用。但通风网络解算中用的最普遍的是斯考特—恒斯雷法、牛顿法等。

4.1.2　斯考特—恒斯雷法

该法属于回路流量法,是由英国学者斯考特(D.Scott)和恒斯雷(F.Hinsley)对美国学者哈蒂·克劳斯(Hardy Cross)提出的用于水管网的逐次计算法进行改进并用于风网解算的，故亦称克劳斯迭代法。它是国内外复杂风网解算中应用最广的一种方法。

(1) 算法原理

对于节点数为 m、分支数为 n 的通风网络，选定一组余树弦质量流量为独立回路质量流量，记为 $\boldsymbol{G}_y=(G_{y1},G_{y2},\cdots,G_{yb})^T$，$b=n-m+1$，以 $\boldsymbol{G}_y$ 为变量，由基本回路风压平衡方程可得非线性方程组

$$\boldsymbol{F}(\boldsymbol{G}_y)=\boldsymbol{C}\boldsymbol{R}_{\rho\text{diag}}\left|\boldsymbol{C}^T\boldsymbol{G}_y\right|_{\text{diag}}\boldsymbol{C}^T\boldsymbol{G}_y-\boldsymbol{C}\boldsymbol{H}_f-\boldsymbol{C}\boldsymbol{H}_z=0$$

或：

$$f_i(G_{y1},G_{y2},\cdots,G_{yb})=\sum_{j=1}^{n}c_{ij}\left(R_{\rho j}\left|\sum_{t=1}^{b}c_{ij}G_{yt}\right|\sum_{t=1}^{b}c_{ij}G_{yt}-h_{fj}-h_{zj}\right)=0 \quad i=1,2,\cdots,b$$

$$(4\text{-}10)$$

式中 $\boldsymbol{H}_f=(h_{f1},h_{f1},\cdots,h_{fn})$ 为风机风压向量，每个风机风压都用风机风压特性方程代入，并将其中的风量用质量流量替换，即 $h_{fj}=A_{0j}+A_{1j}G_j/\rho_j+A_{2j}(G_j/\rho_j)^2$。

斯考特—恒斯雷法的基本思路：利用方程(4-10)中一组根的近似值将方程用泰勒级数展开，通过简化，求得质量流量校正值计算式，再通过逐次迭代计算，求得质量流量的近似真实值。在计算时，首先拟定一组质量流量初值，然后对方程逐次线性化求解，求出一组质量流量修正值，分别对各质量流量进行修正；然后再进行下一步迭代，即计算出新的质量流量修正值，再对质量流量进行修正；如此反复迭代，直至各质量流量修正值或各回路风压闭合差都小于限定的精度 ε 为止。此时得到的质量流量，即认为是要求的质量流量值。该法的核心是每次迭代中各质量流量修正值的计算。下面介绍质量流量修正值计算公式的推导。

设风网基本回路风压平衡方程组进行 k 次迭代后，已得到第 k 次质量流量近似值为

$$\boldsymbol{G}_y^k=(G_{y1}^k,G_{y2}^k,\cdots,G_{yb}^k)^T$$

将式(4-10)用泰勒级数展开，得

$$f_i(G_{y1}^{k+1},G_{y2}^{k+1},\cdots,G_{yb}^{k+1})=f_i(G_{y1}^k,G_{y2}^k,\cdots,G_{yb}^k)+$$

$$\sum_{j=1}^{b}\frac{\partial f_i}{\partial G_{yj}}\bigg|_{G_{yj}=G_{yj}^k}\Delta G_{yj}^k+\frac{1}{2}\sum_{j=1}^{b}\frac{\partial^2 f_i}{\partial G_{yj}^2}\bigg|_{G_{yj}=G_{yj}^k}(\Delta G_{yj}^k)^2+\cdots=0$$

忽略上式中二次以上高阶微量，得

$$f_i(G_{y1}^{k+1},G_{y2}^{k+1},\cdots,G_{yb}^{k+1})=f_i(G_{y1}^k,G_{y2}^k,\cdots,G_{yb}^k)+$$

$$\sum_{j=1}^{b}\frac{\partial f_i}{\partial G_{yj}}\bigg|_{G_{yj}=G_{yj}^k}\Delta G_{yj}^k=0 \quad i=1,2,\cdots,b$$

这是一组线性代数方程，写成矩阵形式为：

$$\begin{bmatrix}\dfrac{\partial f_1}{\partial G_{y1}} & \dfrac{\partial f_1}{\partial G_{y2}} & \cdots & \dfrac{\partial f_1}{\partial G_{yb}} \\[2mm] \dfrac{\partial f_2}{\partial G_{y1}} & \dfrac{\partial f_2}{\partial G_{y2}} & \cdots & \dfrac{\partial f_2}{\partial G_{yb}} \\[2mm] \vdots & \vdots & \ddots & \vdots \\[2mm] \dfrac{\partial f_b}{\partial G_{y1}} & \dfrac{\partial f_b}{\partial G_{y2}} & \cdots & \dfrac{\partial f_b}{\partial G_{yb}}\end{bmatrix}_{G_y=G_y^k}\begin{bmatrix}\Delta G_{y1}^k \\ \Delta G_{y2}^k \\ \vdots \\ \Delta G_{yb}^k\end{bmatrix}=-\begin{bmatrix}f_1^k \\ f_2^k \\ \vdots \\ f_b^k\end{bmatrix} \qquad (4\text{-}11)$$

式(4-11)中的一阶偏导数矩阵称为雅克比矩阵，为了简化线性方程组式(4-11)的求解，假

定雅克比矩阵具有主对角线优势,即满足下列条件式:

$$\frac{\partial f_i}{\partial G_{yi}} \gg \sum_{\substack{t=1 \\ t \neq i}}^{b} \frac{\partial f_i}{\partial G_{yt}} \quad i = 1, 2, \cdots, b \tag{4-12}$$

则可略去雅克比矩阵的非主对角线元素,即雅克比矩阵变为对角矩阵,式(4-11)可简化为:

$$\begin{bmatrix} \dfrac{\partial f_i}{\partial G_{y1}} & 0 & \cdots & 0 \\ 0 & \dfrac{\partial f_2}{\partial G_{y2}} & \cdots & 0 \\ \vdots & \vdots & \ddots & \vdots \\ 0 & 0 & \cdots & \dfrac{\partial f_b}{\partial G_{yb}} \end{bmatrix}_{G_y = G_y^k} \begin{bmatrix} \Delta G_{y1}^k \\ \Delta G_{y2}^k \\ \vdots \\ \Delta G_{yb}^k \end{bmatrix} = - \begin{bmatrix} f_1^k \\ f_2^k \\ \vdots \\ f_b^k \end{bmatrix} \tag{4-13}$$

式(4-13)可写成

$$\frac{\partial f_i}{\partial G_{yi}} \bigg|_{G_{yi} = G_{yi}^k} \Delta G_{yi}^k = -f_i^k \quad i = 1, 2, \cdots, b$$

即:

$$\Delta G_{yi}^k = -\frac{f_i^k}{\dfrac{\partial f_i}{\partial G_{yi}}\bigg|_{G_{yi} = G_{yi}^k}} \quad i = 1, 2, \cdots, b \tag{4-14}$$

式(4-14)中分子为:

$$f_i(G_{y1}^k, G_{y2}^k, \cdots, G_{yb}^k) = \sum_{j=1}^{n} c_{ij}(R_{\rho j} |G_j^k| G_j^k - h_{fj} - h_{zj}) \tag{4-15}$$

分支位压差 h_{zj} 通常表示为不随分支质量流量而变的恒量,因 $G_j = \sum_{t=1}^{b} c_{ij} G_{yt}$,则式(4-14)的分母为:

$$\frac{\partial f_i}{\partial G_{yi}} = \sum_{j=1}^{n} \left(c_{ij} 2R_{\rho j} |G_j| \frac{\partial G_j}{\partial G_{yi}} - c_{ij} \frac{\mathrm{d}h_{fj}}{\mathrm{d}G_j} \frac{\partial G_j}{\partial G_{yi}} \right) \tag{4-16}$$

式中 $\dfrac{\partial G_j}{\partial G_{yi}} = \dfrac{\partial \left(\sum_{t=1}^{b} c_{tj} G_{yt} \right)}{\partial G_{yi}} = \dfrac{\partial}{\partial G_{yi}}(c_{1j} G_{y1} + c_{2j} G_{y2} + \cdots + c_{ij} G_{yi} + \cdots + c_{bj} G_{yb}) = c_{ij}$,即该项

对 G_{yi} 求偏导数,只有当 $t = i$ 时不为零,其余均为零。于是式(4-16)可写成:

$$\frac{\partial f_i}{\partial G_{yi}} = \sum_{j=1}^{n} c_{ij}^2 \left(2R_{\rho j} |G_j| - \frac{\mathrm{d}h_{fj}}{\mathrm{d}G_j} \right) \tag{4-17}$$

故式(4-14)可写成:

$$\Delta G_{yi}^k = -\frac{\sum_{j=1}^{n} c_{ij}(R_{\rho j} |G_j^k| G_j^k - h_{fj} - h_{zj})}{\sum_{j=1}^{n} c_{ij}^2 \left(2R_{\rho j} |G_j^k| - \dfrac{\mathrm{d}h_{fj}}{\mathrm{d}G_j}\bigg|_{G_j = G_j^k} \right)} \quad i = 1, 2, \cdots, b \tag{4-18}$$

式(4-18)即为基本回路质量流量修正值的计算式。分子是基本回路内流过渐进质量流量 G_y^k 时的风压不平衡值,当 ΔG_{yi}^k 为零时,分支质量流量不需要再修正,即求得了真实质量流量。在计算中,与余树弦同向分支为正,逆向分支风压为负。分母是分子各项的偏导

数。分母第一项为基本回路各分支 $2R_\rho|G_j|=2R_j|q_j|/\rho_j$ 值,总为正;分母第二项是基本回路内风机风压特性方程对风机分支的质量流量在 $-\dfrac{\mathrm{d}h_{fj}}{\mathrm{d}G_j}$ 点的斜率,在风机正常工作段 $-\dfrac{\mathrm{d}h_{f_i}}{\mathrm{d}G_j}$ 总为正,当风机风压特性方程用二次方程表示时,即

$$h_{fj}=A_0+A_1\frac{G_j}{\rho_j}+A_2\left(\frac{G_j}{\rho_j}\right)^2$$

则

$$\frac{\mathrm{d}h_{fj}}{\mathrm{d}G_j}=2A_2G_j/\rho_j^2+A_1/\rho_j$$

对每个基本回路,每次迭代计算都求得一个质量流量修正值 ΔG_{yi},然后,对回路各分支质量流量进行修正,第 $k+1$ 次质量流量近似值为:

$$G_j^{k+1}=G_j^k+c_{ij}\Delta G_{yi}^k \quad i=1,2,\cdots,b;j=1,2,\cdots,n \tag{4-19}$$

按式(4-18)、式(4-19)进行重复计算,直至各余树弦质量流量修正值均小于预定精度 ε 为止,即:

$$\max\{|\Delta G_{yi}^k|\}<\varepsilon \quad i=1,2,\cdots,b \tag{4-20}$$

迭代精度 ε 的数值一般可取 0.001~0.000 1,当式(4-20)得到满足后,求得的分支质量流量或风量值,即为该风网近似的自然分风值。

应用式(4-18)和式(4-19),会使质量流量初值逐步趋于真值。因式(4-18)中分母恒为正,故 ΔG_{yi}^k 的符号仅取决于分子,分子的符号有三种情况:若分子等于零,$\Delta G_{yi}^k=0$,质量流量不需要修正;若分子计算结果为正,ΔG_{yi}^k 为负,用式(4-19)修正时,正向分支质量流量被修正而减小,负向分支质量流量被修正而增大;若分子计算结果为负,ΔG_{yi}^k 为正,用式(4-19)修正时,负向分支质量流量被修正而减小,正向分支质量流量被修正而增大。结果都会使回路内正负方向分支的风压趋于平衡。

(2) 计算步骤

① 绘制通风网络图,标定风流方向。

② 输入风网数据,设置定流风机分支或风机分支为当然的余树弦,并给定总风量或风机风压特性方程系数。

③ 选择以风阻为权值的一棵最小生成树和相应的独立回路,确定独立回路的分支构成。

④ 拟定初始质量流量。通常,先给余树弦赋一组初值,再计算各树枝初始质量流量。

⑤ 设置最大迭代次数 $k_{\max}$,令迭代次数初值 $k=0$。

⑥ 迭代计算。用式(4-18)分别计算各回路的质量流量修正值,当计算出一个回路的质量流量修正值 ΔG_{yi}^k 后,立即对回路所有分支的质量流量进行修正,以加快收敛速度。

⑦ 检查迭代精度是否满足要求。每计算完一次所有分支的修正质量流量,称为迭代一次。每次迭代后应检查是否满足式(4-20),若已满足,则迭代计算终止,转第⑨步;否则转第⑧步。

⑧ 检查迭代次数是否满足 $k<k_{\max}$,若满足,则令 $k=k+1$,转第⑥步继续迭代;否则转第⑨步。

⑨ 计算风网各分支风量和阻力。

⑩ 由各风机所在回路的信息,列风压平衡方程,计算各风机系统的风机压力 H_f、自然风压 H_n、总阻力 H_r(单位为 Pa)、总风阻 R(单位为 N·s²/m⁸)和等积孔 A(单位为 m²),即

$$H_r = H_f + H_n$$

$$R = H_r / q^2$$

$$A = 1.19 / \sqrt{R}$$

式中 q 为风机所在分支的风量,m³/s。

⑪ 输出实际的迭代次数和迭代精度,以及解算结果表。

(3)提高收敛速度的措施

① 拟定的初始质量流量要尽量接近真实质量流量。因此,除了给出的定流风机分支风量外,其他分支风量一般可取 $10 \sim 20$ m³/s,以减少迭代计算收敛的步数。

② 当计算出一个回路的质量流量修正值 ΔG_{yi}^k 后,立即对回路所有分支的质量流量进行修正,可明显减少迭代计算收敛的步数。

③ 斯考特—恒斯雷法的迭代计算实质是在满足式(4-12)条件下的一种简化,即舍去了雅克比矩阵中的非主对角线元素。该矩阵中的各元素是回路风压对质量流量求偏导数,其值为 $2R_{pj}|G_j|$ 的代数和。在一般条件下,由于质量流量 G_j 未知,难以确定矩阵中各元素的值。为尽可能满足限制条件,该算法以风阻 R 值为依据,通过选最小生成树构造基本回路,以余树弦的风阻最大达到增大主元素值的目的,可提高迭代收敛的速度。在通常情况下,上述做法基本满足要求。但是,该算法的收敛性不仅与风量初值有关,而且也与回路的选择有关。在个别情况下可能出现迭代计算超过某一给定的最大迭代次数而未收敛,即没有达到精度指标的要求。为解决可能出现的这类问题,在程序中用迭代若干次(一般为 5~8 次)所得 $2R_{pj}|G_j|$ 作为权值,然后重选最小生成树并构成基本回路,从而更好地满足式(4-12)的条件,再进行迭代计算,可明显提高收敛的精度和速度。

根据上述改进的斯考特—恒斯雷算法,编写的 C 语言源程序见附录 2。

4.1.3 牛顿法

回路流量法解算复杂通风网络,实际上就是求式(4-8)非线性方程组的解。牛顿法是求解非线性方程组常用的方法。

(1)算法原理

牛顿法基本思路是将非线性代数方程组化为线性方程组,再逐次迭代求解。

设 k 次迭代后,得质量流量迭代值为 $G_y^k = (G_{y1}^k, G_{y2}^k, \cdots, G_{yb}^k)^T$,将式(4-10)用泰勒级数展开,忽略二次及以上高阶微量,得第 k 次矩阵形式的线性化公式:

$$\begin{bmatrix} \dfrac{\partial f_1}{\partial G_{y1}} & \dfrac{\partial f_1}{\partial G_{y2}} & \cdots & \dfrac{\partial f_1}{\partial G_{yN}} \\ \dfrac{\partial f_2}{\partial G_{y1}} & \dfrac{\partial f_2}{\partial G_{y2}} & \cdots & \dfrac{\partial f_2}{\partial G_{yN}} \\ \vdots & \vdots & \ddots & \vdots \\ \dfrac{\partial f_N}{\partial G_{y1}} & \dfrac{\partial f_N}{\partial G_{y2}} & \cdots & \dfrac{\partial f_N}{\partial G_{yN}} \end{bmatrix}_{G_y = G_y^k} \begin{bmatrix} \Delta G_{y1}^k \\ \Delta G_{y2}^k \\ \vdots \\ \Delta G_{yb}^k \end{bmatrix} = - \begin{bmatrix} f_1(G_y^k) \\ f_2(G_y^k) \\ \vdots \\ f_b(G_y^k) \end{bmatrix} \qquad (4-21)$$

式(4-21)为一个含 b 个未知数 $(\Delta G_{y1}^k, \Delta G_{y2}^k, \cdots, \Delta G_{yb}^k)$ 和 b 个方程的线性方程组,该方

程组有唯一解,可直接采用高斯消元法求解。

线性方程组式(4-21)中的系数矩阵为雅克比矩阵,其中各元素皆在 $G_y = G_y^k$ 处取值;右边常数项为回路风压代数和的函数取值。

$$f_i(G_y^k) = \sum_{j=1}^{n} c_{ij}(R_{\rho j} |G_j^k| G_j^k - h_{fj} - h_{zj}) \quad i = 1, 2, \cdots, b \tag{4-22}$$

$$\left.\frac{\partial f_i}{\partial G_{yi}}\right|_{G_{yi}=G_{yi}^k} = \sum_{j=1}^{n} c_{ij}^2 \left(2R_{\rho j} |G_j^k| - \left.\frac{dh_{fj}}{dG_j}\right|_{G_j=G_j^k}\right) \quad i = 1, 2, \cdots, b \tag{4-23}$$

$$\left.\frac{\partial f_i}{\partial G_{yl}}\right|_{G_{yl}=G_{yl}^k} = \sum_{j=1}^{n} c_{ij}c_{lj} \left(2R_{\rho j} |G_j^k| - \left.\frac{dh_{fj}}{dG_j}\right|_{G_j=G_j^k}\right) \quad i = 1, 2, \cdots, b; l = 1, 2, \cdots, b; l \neq i \tag{4-24}$$

解方程组(4-21),得余树弦第 k 次质量流量修正值 ΔG_y^k 后,则其 $k+1$ 次的近似值为:

$$G_{yi}^{k+1} = G_{yi}^k + \Delta G_{yi}^k \quad i = 1, 2, \cdots, b \tag{4-25}$$

然后,再求各树枝分支质量流量的 $k+1$ 次近似值:

$$\boldsymbol{G}_s^{k+1} = \boldsymbol{C}_{12}^T \boldsymbol{G}_y^{k+1} \tag{4-26}$$

这样就完成了一次迭代。重复上述过程,直到满足精度 ε 为止,即:

$$\max\{|\Delta G_{yi}^k|\} < \varepsilon \quad i = 1, 2, \cdots, b \tag{4-27}$$

(2)计算步骤

① 绘制通风网络图,标定风流方向。

② 输入风网结构及数据,设置定流风机分支或风机分支为当然的余树弦,并给定总风量或风机风压特性方程系数。

③ 选择以风阻为权值的一棵最小生成树和相应的独立回路,确定独立回路的分支构成。

④ 拟定初始质量流量。通常,先给余树弦赋一组初值,再计算各树枝初始质量流量。

⑤ 设置最大迭代次数 k_{max},令迭代次数初值 $k=0$。

⑥ 迭代计算。用式(4-22)和式(4-23)、式(4-24)计算方程组的系数矩阵和常数向量,解方程组(4-21),得到第 k 次各余树弦质量流量修正值 ΔG_{yi}^k,用式(4-25)计算得到第 $k+1$ 次各余树弦质量流量,再用式(4-26)计算出第 $k+1$ 次各树枝分支质量流量。

⑦ 检查迭代精度是否满足要求。检查是否满足式(4-27),若已满足,则迭代计算终止,转第⑨步;否则转第⑧步。

⑧ 检查迭代次数是否满足 $k<k_{max}$,若满足,则令 $k=k+1$,转第⑥步继续迭代,否则终止迭代转第⑨步。

⑨ 计算风网各分支风量和阻力。

⑩ 计算各风机系统的风机风压、自然风压、总阻力、总风阻和等积孔。

⑪ 输出实际的迭代次数和迭代精度,以及解算结果表。

根据上述算法编写的牛顿法源程序见附录 2。

牛顿法是成熟的求解非线性方程组的算法,与斯考特—恒斯雷法相比,在线性化过程中未作第二次省略,数学上较严谨,它对回路的选择要求不高,回路选择对其计算速度和精度影响较小。用该法解算复杂通风网络时,要解线性方程组,计算复杂,只适用于计算机解算。该法是采用一阶导数逼近真值的斜量迭代法,其计算受迭代初值的影响较大,迭代初值选的合适,收敛很快,若选的不合适,收敛慢甚至不收敛。

4.1.4 节点全压计算

用回路流量法进行通风网络解算时,可以获得各分支质量流量、风量和阻力,但各节点全压需要另外计算。可以通过假定总进风口(源点)节点全压为零,其他节点全压可采用广度优先遍历法和分支能量方程进行计算。

在计算节点全压时,需建立两个栈,其一作为节点栈 s_1,用于储存节点号,另一个作为分支栈 s_2,用于储存分支号。节点全压计算的具体步骤如下:

① 导入通风网络解算结果中的分支参数表。令通风网络的源点全压为零,令已计算的节点数 $k=1$。

② 首先将源点压入节点栈 s_1 中。

③ 从节点栈 s_1 中依次取出一个节点,并将所有以该节点为始节点的分支压入分支栈 s_2 中,直至所有节点均取出。

④ 从分支栈中一次取出一个分支,首先判断该分支末节点是否已经访问过,如果已经访问过,则说明该分支已经计算过,重新取出一个分支。若该分支末节点未访问过,则开始计算末节点的全压值,其值等于始节点的全压值减去分支阻力,再加上该分支位压差。计算完毕后对该分支末节点做出访问标记,并将其压入节点栈 s_1 中,k 值加 1,并继续从分支栈 s_2 中取出一个分支,重复该步骤,直至分支栈 s_2 中所有分支取完。

⑤ 若 k 值小于节点总数,则继续步骤③,否则,结束计算。

4.2 节点风压法

节点风压法是以节点风压作为独立变量,按节点质量流量平衡定律列方程求解的方法。所谓节点风压,是指某节点的全压。

4.2.1 基本原理

由风网中分支风流能量方程知:节点风压与通风阻力之间存在以下关系

$$h_j = p_{1j} - p_{2j} + h_{zj} + h_{fj} \tag{4-28}$$

式中 h_j——分支 j 的通风阻力;

     p_{1j}、p_{2j}——分支 j 的始、末节点风压(全压),Pa;

     h_{zj}——分支 j 的始、末节点位压差,$h_{zj} = (z_{1j} - z_{2j})\rho_j g$($z_{1j}$、$z_{2j}$ 为分支 j 的始、末节点标高,ρ_j 为分支 j 的平均空气密度);

     h_{fj}——分支 j 上的通风机风压。

式(4-28)又可写成:

$$p_{1j} - p_{2j} = h_j - h_{fj} - h_{zj} \tag{4-29}$$

对任一节点数为 m,分支数为 n 的风网,设第 m 节点为参考节点,其风压为零,可依式(4-29)得如下 n 个方程:

$$\sum_{i=1}^{m-1} b_{ij} p_i = h_j - h_{fj} - h_{zj} \quad j = 1, 2, \cdots, n \tag{4-30}$$

式中 b_{ij}——基本关联矩阵第 i 行第 j 列元素；

p_i——节点 i 的风压。

上式为风网中分支风流能量方程,结合通风阻力定律,可得:

$$\sum_{i=1}^{m-1} b_{ij} p_i = R_j q_j \mid q_j \mid - h_{fj} - h_{zj} \quad j=1,2,\cdots,n \tag{4-31}$$

又由节点质量流量平衡定律得:

$$\sum_{j=1}^{n} b_{kj} \rho_j q_j = 0 \quad k=1,2,\cdots,m-1 \tag{4-32}$$

至此,可由通风基本定律得到式(4-31)和式(4-32)。由它们联立的方程组可求解节点风压和分支风量。其独立方程数为 $n+m-1$ 个,而未知量 f_i 和 q_j,共有 $n+m-1$ 个,故式(4-31)和式(4-32)联立的方程组有定解。由于该联立方程组为非线性方程组,通常要迭代计算才能求解,为减少迭代计算时间,方程数目越少越好,因此有必要对该联立方程组作必要的简化处理。将式(4-31)写成以 p_i 为因变量,q_j 为函数的显函数形式,并代入式(4-32),最终得到以 p_i 为未知量的 $m-1$ 个独立方程,由此求解 p_i,然后就可计算出分支通风阻力和风量,达到解算风网的目的。迭代计算的数学方法不同,式(4-31)的显函数形式也不同,下面就拟线性解法和牛顿法分别进行分析。

4.2.2 拟线性解法

如前所述式(4-31)和式(4-32)联立的方程组为非线性方程组,为此,假设拟线性风阻为:

$$s_j = \mid R_j q_j^0 \mid \quad j=1,2,\cdots,n \tag{4-33}$$

式中,q_j^0——分支 j 的初始风量。

定义拟线性风导为:

$$d_j = \frac{1}{s_j} = \frac{1}{\mid R_j q_j^0 \mid} \quad j=1,2,\cdots,n \tag{4-34}$$

此时,式(4-31)可变为:

$$\sum_{i=1}^{m-1} b_{ij} p_i = s_j q_j - h_{fj} - h_{zj} \quad j=1,2,\cdots,n$$

或:

$$q_j = d_j \left(\sum_{i=1}^{m-1} b_{ij} p_i + h_{fj} + h_{zj} \right) \quad j=1,2,\cdots,n \tag{4-35}$$

将式(4-35)代入式(4-32)得:

$$\sum_{i=1}^{m-1} \sum_{j=1}^{n} b_{ij} b_{kj} d_j \rho_j p_i = -\sum_{j=1}^{n} d_j b_{kj} (h_{fj} + h_{zj}) \rho_j \quad k=1,2,\cdots,m-1 \tag{4-36}$$

令:

$$x_{ki} = \sum_{j=1}^{n} b_{ij} b_{kj} d_j \rho_j \quad k=1,2,\cdots,m-1; i=1,2,\cdots,m-1 \tag{4-37}$$

$$y_k = -\sum_{j=1}^{n} d_j b_{kj} (h_{fj} + h_{zj}) \rho_j \quad k=1,2,\cdots,m-1 \tag{4-38}$$

则式(4-36)简写为:

$$\sum_{i=1}^{m-1} x_{ki} p_i = y_k \quad k=1,2,\cdots,m-1 \tag{4-39}$$

上式即为拟线性求解的数学模型,此式可求得 p_i,但由于拟线性化处理,初始风量 q_j^0 与实际风量不相等,故式(4-39)为近似方程,需反复迭代计算,在每次求得 p_i 后,则用式(4-35)计算 q_j,再由 q_j 替代 q_j^0,直到满足精度要求为止,即:

$$\max\{|q_j - q_j^0|\} < \varepsilon \quad j=1,2,\cdots,n \tag{4-40}$$

式中 ε 为给定的迭代精度,一般取 $0.001\sim0.0001$。

拟线性解法的具体计算步骤如下:

① 给定初始风量;

② 设置最大迭代次数 $k_{\max}$,令迭代次数初值 $k=0$;

③ 由初始风量计算拟线性风导 d_j、风机风压 h_{fj} 和分支位压差 h_{zj};

④ 按式(4-37)和式(4-38)分别计算 x_{ki}、y_k 值;

⑤ 解方程组(4-39),求得节点风压 p_i;

⑥ 由式(4-35)计算分支风量 q_j;

⑦ 用式(4-40)判断是否满足精度要求,若满足则进行第⑨步,否则,令 q_j^0 转第⑧步;

⑧ 检查迭代次数是否满足 $k<k_{\max}$,若满足,则令 $k=k+1$,转第③步继续迭代,否则终止迭代转第⑨步;

⑨ 计算分支通风阻力、风机风压等参数;

⑩ 输出实际的迭代次数和迭代精度,以及解算结果表。

4.2.3 牛顿法

(1) 数学原理

由式(4-31)得:

$$q_j = \mathrm{sign}\left(\sum_{i=1}^{m-1} b_{ij} p_i + h_{fj} + h_{zj}\right) \sqrt{\frac{1}{R_j}\left|\sum_{i=1}^{m-1} b_{ij} p_i + h_{fj} + h_{zj}\right|} \quad j=1,2,\cdots,n \tag{4-41}$$

式中,$\mathrm{sign}(x)$ 表示 x 的符号函数,$x>0$ 时取 1,$x<0$ 时取 -1,$x=0$ 时取 0。

将式(4-41)在 $q_j^0(j=1,2,\cdots,n)$,$p_i^0(i=1,2,\cdots,m-1)$ 处展开为泰勒级数,并忽略二阶及以上高阶微量得:

$$q_j = q_j^0 + \sum_{i=1}^{m-1} \frac{\partial q_j}{\partial p_i}\bigg|_{p_i=p_i^0} \Delta p_i \quad j=1,2,\cdots,n \tag{4-42}$$

式(4-41)对 p_i 求偏导数可得:

$$\frac{\partial q_j}{\partial p_i} = \frac{1}{2}\frac{b_{ij}}{R_j |q_j|} \quad j=1,2,\cdots,n; i=1,2,\cdots,m-1 \tag{4-43}$$

$$q_j^0 = \mathrm{sign}\left(\sum_{i=1}^{m-1} b_{ij} p_i^0 + h_{fj} + h_{zj}\right) \sqrt{\frac{1}{R_j}\left|\sum_{i=1}^{m-1} b_{ij} p_i^0 + h_{fj} + h_{zj}\right|} \quad j=1,2,\cdots,n \tag{4-44}$$

故式(4-42)可表示为:

$$q_j = q_j^0 + \frac{1}{2}\sum_{i=1}^{m-1}\frac{b_{ij}}{R_j\,|q_j^0|}\Delta p_i \quad j=1,2,\cdots,n \tag{4-45}$$

将式(4-45)代入式(4-32)得:

$$\frac{1}{2}\sum_{i=1}^{m-1}\sum_{j=1}^{n}\frac{b_{kj}b_{ij}\rho_j}{R_j\,|q_j^0|}\Delta p_i = -\sum_{j=1}^{n}b_{kj}\rho_j q_j^0 \quad k=1,2,\cdots,m-1 \tag{4-46}$$

令:

$$x_{ik}=x_{ki}=\frac{1}{2}\sum_{j=1}^{n}\frac{b_{kj}b_{ij}\rho_j}{R_j\,|q_j^0|} \quad k=1,2,\cdots,m-1 \tag{4-47}$$

$$y_k = -\sum_{j=1}^{n}b_{kj}\rho_j q_j^0 \quad k=1,2,\cdots,m-1 \tag{4-48}$$

则式(4-46)简写为

$$\sum_{i=1}^{m-1}x_{ki}\Delta p_i = y_k \quad k=1,2,\cdots,m-1 \tag{4-49}$$

上式即为牛顿法基本方程组,由它可求解节点风压增量 Δp_i,则 $p_i=p_i^0+\Delta p_i$ 为节点 i 风压的近似值,然后由式(4-41)计算近似分支风量 q_j,再由 p_i 和 q_j 替代 p_i^0 和 q_j^0,重新建立方程组(4-46)求解 Δp_i,如此反复迭代,直到满足精度要求为止,即:

$$\max\{|\Delta p_i|\} < \varepsilon \quad i=1,2,\cdots,m-1 \tag{4-50}$$

式中 ε 为给定的迭代精度,一般取 0.001~0.000 1。

（2）计算步骤

由以上公式推导过程和计算原理,可归纳出牛顿法解算的具体步骤如下:

① 设节点初始风压 p_i^0,输入风机风压特性方程系数、分支位压差 h_{zj};

② 由式(4-44)求风量初值 q_j^0;

③ 设置最大迭代次数 $k_{\max}$,令迭代次数初值 $k=0$;

④ 将 q_j^0 代入式(4-47)和式(4-48)求 x_{ki} 和 y_k;

⑤ 解方程组(4-49)求 Δp_i;

⑥ 由 $p_i=p_i^0+\Delta p_i$ 求节点风压 p_i;

⑦ 由 q_j^0 求风机风压 h_{fj},并由式(4-41)求 q_j;

⑧ 用式(4-50)判断是否满足精度要求,不满足时,令 $q_j^0=q_j$,$p_i^0=p_i$,转第⑨步;

⑨ 检查迭代次数是否满足 $k<k_{\max}$,若满足,则令 $k=k+1$,转第④步继续迭代,否则终止迭代转第⑩步;

⑩ 计算分支通风阻力、风机风压等参数;

⑪ 输出实际的迭代次数和迭代精度,以及解算结果表。

牛顿法与拟线性解法相比,节点方程组的迭代计算式要复杂一些,拟线性解法计算简单,更易于掌握。

节点风压法与回路流量法相比,不需选择树和回路,不需要风网一定闭合,在直接求得节点风压值的同时也求得了分支的风量,故计算效率较高;但节点风压法需要反复求解线性方程组的解,计算量较大;另外在处理分支固定需风量的问题时不够灵活。

思考与练习题

4-1 从未知量选取的角度出发,通风网络自然分风解算方法分为几大类? 每类又可分为哪几种算法？

4-2　何谓回路流量法？试述回路流量法的基本原理。

4-3　试述斯考特—恒斯雷法的基本原理和计算步骤。

4-4　试述斯考特—恒斯雷法的优缺点。

4-5　牛顿法与斯考特—恒斯雷法有何异同点？

4-6　试述节点风压法的基本原理。

4-7　节点风压法与回路流量法相比有何优缺点？

4-8　通风网络自然分风解算中如何考虑通风机风压和自然风压的？

4-9　通风网络自然分风需要给出何种已知条件才能进行解算？

5 通风网络风量调节解算

在实际通风系统中,用风地点的风量必须按需要供给。而风量的自然分配一般不可能正好满足全部用风地点需风量的要求,因此需要进行风量调节。本章主要对通风网络中风量调节点的数目、位置及调节参数的计算方法进行讨论。

5.1 风量调节原理

5.1.1 风量调节的基本数学模型

对于给定的一个 n 条分支 m 个节点的通风网络,在通风动力和各分支风阻已知的前提下,通风网络中各分支风量按自然分风进行分配,此时各分支风量为 $(q'_1, q'_2, \cdots, q'_n)$,满足基本回路风压平衡定律,即有

$$\sum_{j=1}^{n} c_{ij}(R_i \mid q'_j \mid q'_j - h_{fj} - h_{zj}) = 0 \quad i = 1, 2, \cdots, n-m+1$$

但如果该通风网络要按需分风,则各分支风量改为 $(q_1, q_2, \cdots, q_n)$,由于按需分配风量与自然分配风量之间存在差异,这就使得上述基本回路风压平衡定律无法满足,即

$$\sum_{j=1}^{n} c_{ij}(R_j \mid q_j \mid q_j - h_{fj} - h_{zj}) \neq 0 \quad i = 1, 2, \cdots, n-m+1$$

为了保证按需供风,就必须采取人为的调节措施,在回路 i 中增加阻力调节值 Δh_i,使回路风压平衡定律得到满足,即:

$$\sum_{j=1}^{n} c_{ij}(R_j \mid q_j \mid q_j - h_{fj} - h_{zj}) + \Delta h_i = 0 \quad i = 1, 2, \cdots, n-m+1 \tag{5-1}$$

上式即为通风网络中风量调节的基本数学模型。通常,将回路 i 阻力调节量 Δh_i 附加到该回路的余树弦上,这样每个回路的阻力调节互不影响,计算简便。若 $\Delta h_i > 0$,表示回路 i 中余树弦需增阻调节;若 $\Delta h_i < 0$,需减阻调节或增能调节;若 $\Delta h_i \approx 0$,不需调节。

欲使式(5-1)成立,关键在于如何合理地确定调节点、调节量和调节方法,这是风量调节计算的核心问题。

5.1.2 调节点的数量

在通风网络中,有些分支所要求的风量仅靠自然分配往往不能满足,而要通过调节某些分支的通风阻力或通风动力才能实现,这些需要调节通风阻力或通风动力的地点称为调节点。从通风管理角度看,多一个调节点,意味着多一道调节设施,增加相应的投入和管理工

作量。因此,应尽量减少调节点的数目。

对于分支数为 n、节点数为 m 的任一风网,由节点质量流量平衡方程式 $\boldsymbol{G} = \boldsymbol{C}^{\mathrm{T}} \boldsymbol{G}_y$ 可知,只要风网中的 $n-m+1$ 条余树弦的质量流量已全部给定为按需分配的风量与空气密度的乘积,则其他分支的质量流量也就被确定,即通风网络所有分支风量也就确定了,由于一个基本回路仅含一条余树弦,而每一基本回路风压平衡方程式(5-1)中仅有一个阻力调节值,因此为了使调节相互独立且调节点尽量少,将调节点布置在回路的余树弦内,即可满足回路风压平衡定律,从而实现对该通风网络风量的完全控制,因此该通风网络的有效调节点数量为 $n-m+1$ 个。

在通风网络风量调节中,主要通风机也要根据通风网络总阻力的变化而作适当调节,故应将主要通风机视为调节设施,其所在分支应选为余树弦,这样可减少局部调节设施。

在按需分风的通风网络中,可能存在一些不需要调节而靠自然分风即能满足要求的子网络,这些子网络所包含的基本回路,无须调节就能满足风压平衡定律,若这些自然分风子网络中包含 k 个基本回路,则可少设置 k 个调节分支。因此实现该风网中风量有效控制的调节分支数目为:

$$s = n - m - k + 1 \tag{5-2}$$

另外,有一种按独立通风的用风点数确定调节点数的方法。应用此法必须保证独立通风的用风点风量之和等于通风网络的总风量。此时,独立通风的用风点数即为调节点数,其中包括主要通风机调节点。

5.1.3 调节点的位置

在矿井通风网络中,通常将其分为进风、回风和用风三个子网。由进风节点及其相连分支组成的风网称为进风网,由回风节点及其相连分支组成的风网称为回风网,由用风地点(如采掘工作面、硐室、其他用风巷道等)组成的风网称为用风网。

保证用风网内用风分支的需风量,是风量调节所要达到的目的。一般情况下,用风网内所有分支均可设置调节点,回风网内各分支也可设置调节点,但要尽量避免在风量较大的分支中设置增阻调节点,以降低调节能耗;进风网内担任主要运输任务的分支内,不宜设置调节点。所有调节点必须包含在风网的同一余树中,以免造成调节点的重复设置。

5.1.4 调节方法分析

通风网络局部风量调节有三种方法:增阻调节法、减阻调节法和增压调节法。

(1) 增阻调节法

增阻调节法是通过在风网分支风道中安设调节风窗等设施,产生附加局部阻力,当通风机风压特性不变时,会降低该分支及其所在通路中其他分支的风量,而这些通路之外分支的风量会增大。由于该法简单、方便、易行、见效快,是目前使用最普遍的局部风量调节方法。在矿井通风中,增阻调节的主要设施有调节风窗、风帘、空气幕调节装置等。其中调节风窗因调节范围大、调节简便、制造和安装也较简单,故使用最多。

当增阻调节法采用调节风窗进行调节时,调节风窗开口面积 S_w 可按下式计算。

若 $S_w/S \leqslant 0.5$,则:

$$S_w = \frac{QS}{0.65Q + 0.84S\sqrt{h_w}} \tag{5-3}$$

若 $S_w/S \geqslant 0.5$，则：

$$S_w = \frac{QS}{Q + 0.759S\sqrt{h_w}} \tag{5-4}$$

式中　S_w——调节风窗开口面积，m^2；

　　　　S——安设调节风窗的巷道断面积，m^2；

　　　　Q——通过风窗的风量，m^3/s；

　　　　h_w——风窗产生的局部阻力，等于增阻调节值，Pa。

在求调节风窗开口面积之前，S_w 比值是未知的，可先用式(5-3)计算 S_w，如果符合 $S_w/S \geqslant 0.5$ 的条件，再改用式(5-4)重新计算 S_w。

增阻调节是一种耗能调节法，会增加风网的总风阻，如果通风机风压特性不变，则总风量会减少。为了减少通风能耗和总风阻的增加值，增阻调节法不应在风网最大通风阻力路线上使用。使用这种方法要求通风机有足够的能力，可以应对风网总风阻的增大，能提供给风网所需的总风量，并且风机工况处于合理的范围内。这个要求可以通过通风机合理选型得到满足。

（2）减阻调节法

减阻调节法是通过在风网分支巷道中采取降阻措施，降低该分支的通风阻力，当通风机风压特性不变时，会增大该分支及其所在通路中其他分支的风量，而这些通路之外分支的风量会减少。减阻调节采取的措施可以根据所需降阻值的大小和风道的具体条件而定，当降阻值不大时，首先考虑减少局部阻力，如对风道中堆积的物料进行清理、弯道用圆弧或折线过渡等，也可改变风道支护方式、降低风道壁面粗糙度、减少摩擦阻力；当降阻值较大时，可采用扩大分支风道断面积，减少摩擦阻力，条件允许时，可考虑在需减阻的风道旁侧增加并联风道等。降阻调节法可使风网总风阻减少，若通风机风压特性不变，风网总风量会增加、通风总能耗降低。但这种方法工程量大、投资多、施工时间较长，所以降阻调节法多在系统改造或某些主要风道年久失修的情况下，用来降低最大阻力通路中某一段风道的通风阻力。

（3）增压调节法

增压调节法主要是采用辅助通风机增加通风能量的方法，增加局部区域的风量。辅助通风机的安设分有风墙或无风墙的辅助通风机两种。有风墙的辅助通风机是利用风机的全风压进行辅助通风、增加风量，而无风墙的辅助通风机是利用辅助通风机的出口动能进行辅助通风、增加风量。增压调节法的施工相对较方便，并可降低主要通风机工作风压，增加风网总风量，与增阻调节法相比，风网总通风能耗减少。但辅助通风机调节法的设备投资较大，管理复杂，安全性较差，在我国煤矿中禁止使用，而在金属矿采用多级机站通风系统中使用较多。

综上所述，在通风网络风量调节中，尽量采用增阻法调节，少用或不用减阻法调节和增压法调节。在矿井通风中，只有当矿井存在某一翼或某一区域通风阻力特别大、主要通风机能力不足、通风网络总阻力超限、主要巷道风速超限等问题时，可以考虑在矿井最大阻力通路的关键分支上采取减阻调节，在金属矿山井下也可考虑采用辅助通风机调节。

5.2　固定风量法

将固定风量分支定为余树弦，并将调节位置选在固定风量分支上，在进行风网解算的同时求出调节量,称为固定风量法。在风网解算过程中,不让固定风量分支参与风网解算的质量流量迭代修正过程,使其风量保持不变。待风网质量流量迭代修正结束,其他分支的风量都已计算出来后,再计算各调节点的调节参数。

固定风量法一般与斯考特—恒斯雷法配合使用。斯考特—恒斯雷法属于回路流量法,其迭代过程是逐个回路分别进行迭代。为了使固定风量分支的风量保持不变,需采取下列步骤。

① 在选择最小生成树时,把固定风量分支选为余树弦。因为风网中只有余树弦的风量可以独立确定,余树弦仅属于一个基本回路,所以它的风量可以不受其他回路余树弦风量的影响。

② 赋风量初值时,令固定风量分支的初始风量就等于其固定风量。

③ 在迭代过程中,由固定风量分支所确定的基本回路不参与迭代,即不计算该回路的质量流量修正值,也不进行质量流量的修正。这样,由于固定风量分支只属于这一个回路,所以其质量流量在迭代过程中就可维持不变。但它作为已知的余树弦质量流量参与对树枝质量流量的计算。

对于由固定风量分支所确定的回路中的其他分支,由于它们不仅属于这一回路,而且还属于其他回路,因而这些分支的质量流量在参与其他回路的迭代中可得到修正。

④ 风量计算结束后,计算固定风量分支的风压调节量。按照回路风压平衡定律,固定风量分支的风压调节量,应等于该回路中所有分支风压的代数和。由式(5-1)得:

$$\Delta h_{yi} = \sum_{j=1}^{n} c_{ij}(h_{fj} + h_{zj} - R_j q_j \, |q_j|) \quad i = 1, 2, \cdots, n-m+1 \tag{5-5}$$

或写成矩阵形式:

$$\Delta \boldsymbol{H}_y = C(\boldsymbol{H}_f + \boldsymbol{H}_z - \boldsymbol{H}_r) \tag{5-6}$$

若 $\Delta h_{yi} > 0$,则需增阻调节,Δh_{yi} 值即为调节风窗应产生的阻力。若 $\Delta h_{yi} < 0$,则需增压或降阻调节,采用增压调节时,即为辅助通风机的风压,其风量为该固定风量分支的风量;采用降阻调节时,$|\Delta h_{yi}|$ 即为应降低的阻力值。若 $\Delta h_{yi} \approx 0$,则固定风量分支所确定的回路风压自然平衡,不需调节。

应当指出,把固定风量分支作为当然的余树弦,这种简单处理要求除去固定风量分支后的子图必须仍然是包含原图中所有节点的连通图,已保证可选出包含所有节点的一棵最小生成树,这样才能选出基本回路组,对所建立的回路风压平衡方程组进行求解。

[例 5-1] 某通风网络如图 5-1 所示,其分支数为 $n=16$,节点数 $m=11$,各分支的始末节点号、风阻值,如下表 5-1 所示。已知用风地点 5 个,需风量分别为 $q_7 = 6 \text{ m}^3/\text{s}$,$q_8 = 9 \text{ m}^3/\text{s}$,$q_{10} = 18 \text{ m}^3/\text{s}$,$q_{11} = 10 \text{ m}^3/\text{s}$,$q_{12} = 9 \text{ m}^3/\text{s}$,风网总风量即风机分支风量为 $q_{15} = 52 \text{ m}^3/\text{s}$,假设各分支空气密度均为 1.2 kg/m^3,分支断面积统一取 10 m^2,试用固定风量法求解该通风网络风量调节方案。

解: 该通风网络的基本回路数为 $n-m+1 = 16-11+1 = 6$,故有 6 个余树弦,由图 5-1 的通风网络可知,给出的 5 个用风地点各自独立通风,并且其风量之和等于该通风网络的总风量,即构成了一个割集。因此,首先将风机分支 e_{15} 作为当然的余树弦,风机分支风量固定为 52 m^3/s,再将 5 个独立通风用风点中的 4 个分支(如图 5-1 所示的分支 e_8、e_{10}、e_{11}、e_{12})视为固定风量分支,也作为当然的余树弦,余下的一个用风点 e_7 分支风量虽然没有固定,但

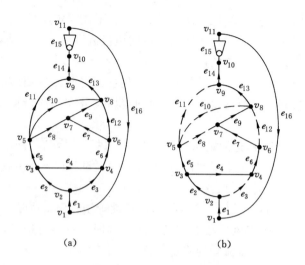

图 5-1 某通风网络图

可由质量流量平衡定律推出,实际上也是固定的。这样确定出的 5 个当然余树弦从图中去掉后,余下的是一个包含所有节点的连通子图,可由最小生成树选择程序自动找出剩下的 1 个余树弦 e_3,再由基本回路选择程序找出所有余树弦对应的基本回路。最后,采用斯考特—恒斯雷法,计算出所有分支的质量流量、风量、风速和阻力,如表 5-1 所示。

表 5-1　　　　　　　　　例 5-1 通风网络原始数据及采用固定风量法的解算结果

分支号	始点	末点	风阻/(N·s²/m⁸)	阻力/Pa	质量流量/(kg/s)	风量/(m³/s)	风速/(m/s)	调节风压/Pa	调节风阻/(N·s²/m⁸)	分支类别
1	1	2	0.031 1	84.094	62.4	52	5.2	0	0	一般分支
2	2	3	0.003 3	6.341	52.603	43.836	4.384	0	0	一般分支
3	2	4	0.619	41.253	9.797	8.164	0.816	0	0	一般分支
4	3	4	0.747	34.912	8.203	6.836	0.684	0	0	一般分支
5	3	5	0.053	72.557	44.4	37	3.7	0	0	一般分支
6	4	6	0.624	140.4	18	15	1.5	0	0	一般分支
7	6	7	0.415	14.94	7.2	6	0.6	0	0	一般分支
8	5	7	0.25	20.25	10.8	9	0.9	97.445	1.203 021	定流分支
9	7	8	2.776	624.6	18	15	1.5	0	0	一般分支
10	5	8	2.37	767.88	21.6	18	1.8	−25.585	−0.078 966	定流分支
11	5	9	2.23	223	12	10	1	635.718	6.357 18	定流分支
12	6	8	1.62	131.22	10.8	9	0.9	508.32	6.275 558	定流分支
13	8	9	0.066	116.423	50.4	42	4.2	0	0	一般分支
14	9	10	0.218	589.472	62.4	52	5.2	0	0	一般分支
15	10	11	0	0	62.4	52	5.2	−1 611.183	0	定流风机分支
16	11	1	0	0	62.4	52	5.2	0	0	大气连通分支

找出的最小生成树为 $T_0 = (e_1, e_2, e_4, e_5, e_6, e_9, e_{13}, e_{14}, e_{16})$，如图 5-1(b) 中实线所示；余树为 $\overline{T}_0 = (e_3, e_8, e_{10}, e_{11}, e_{12}, e_{15})$，如图 5-1(b) 中虚线所示，基本回路信息为：

$C_1 = (e_3, -e_4, -e_2)$，$C_2 = (e_8, -e_7, -e_6, -e_4, e_5)$，$C_3 = (e_{10}, -e_9, -e_7, -e_6, -e_4, e_5)$，$C_4 = (e_{11}, -e_{13}, -e_9, -e_7, -e_6, -e_4, e_5)$，$C_5 = (e_{12}, -e_9, -e_7)$，$C_6 = (e_{15}, e_{16}, e_1, e_2, e_4, e_7, e_9, e_{13}, e_{14})$。

由基本回路信息，可以直接列出回路风压平衡方程式(5-5)，求出余树弦阻力调节参数：

$\Delta h_3 = -(h_3 - h_4 - h_2) = -(41.253 - 34.912 - 6.341) = 0 \text{ Pa}$；

$\Delta h_8 = -(h_8 - h_7 - h_6 - h_4 + h_5) = -(20.25 - 14.94 - 140.4 - 34.912 + 72.557) = 97.445 \text{ Pa}$；

$\Delta h_{10} = -(h_{10} - h_9 - h_7 - h_6 - h_4 + h_5) = -(767.88 - 624.6 - 14.94 - 140.4 - 34.912 + 72.557) = -25.585 \text{ Pa}$；

$\Delta h_{11} = -(h_{11} - h_{13} - h_9 - h_7 - h_6 - h_4 + h_5) = -(223 - 116.423 - 624.6 - 14.94 - 140.4 - 34.912 + 72.557) = 635.718 \text{ Pa}$；

$\Delta h_{12} = -(h_{12} - h_9 - h_7) = -(131.22 - 624.6 - 14.94) = 508.32 \text{ Pa}$；

$\Delta h_{15} = -(h_{15} + h_{16} + h_1 + h_2 + h_4 + h_6 + h_7 + h_9 + h_{13} + h_{14}) = -(0 + 0 + 84.094 + 6.341 + 34.912 + 140.4 + 14.94 + 624.6 + 116.423 + 589.472) = -1\ 611.182 \text{ Pa}$。

由以上结果可以看出：

① 余树弦 e_3 的调节量为 0，这是因为由 e_3 所确定的基本回路在自然分风子网中，当通风网络各分支风量、阻力计算出后，该自然分风子网中的基本回路风压已平衡，故不需调节。

② 余树弦 (e_8, e_{11}, e_{12}) 需安设风窗进行增阻调节，其增阻值分别为 97.445 Pa，635.718 Pa，508.32 Pa。而余树弦 e_{10} 的阻力调节量为负值，表示需减阻调节，降阻量为 25.585 Pa。

③ 位于余树弦 e_{15} 上的通风机工况点参数为：风压为 1 611.183 Pa，风量为 52 m³/s。可根据此参数选择风机或调节现有风机。

④ 采用固定风量法进行风量调节计算时，只需对作为余树弦的风机分支和固定风量分支所在的基本回路风压进行调节，使其达到平衡，调节点就设在这些余树弦上，可计算出这些余树弦的阻力调节量。

5.3 关键路径法

如前所述，固定风量法调节风压存在一定的盲目性，可能存在减阻调节的情况，如例 5-1 所示。若要求得全为增阻调节的方案，往往需要反复计算才能得到。为此，下面介绍关键路径法，当使用固定风量法求解出通风网络各分支风量和阻力后，再采用关键路径法，能够求得全增阻的调节方案。

5.3.1 基本原理

对于一个强连通的通风网络，从总进风口节点(设节点号为 1)到任何节点都存在通路，从任何节点到总出风口节点(设节点号为 m)之间也都存在通路。从总进风口节点到风网中某一节点可能有多条通路，设总进风口节点风压为零，则按下式可计算节点 i 的风压：

$$p_{ik} = \sum_{j=1}^{i} (h_j - h_{fj} - h_{zj}) \tag{5-7}$$

式中 p_{ik}——由 k 路径计算的节点 i 的风压。

节点 1 至 i 的任意两个通路构成一个回路,当该回路不满足风压平衡方程时,则由这两条通路所计算的节点 i 风压将不相等。若通路 1 的计算风压 p_{i1} 大于通路 2 的计算风压 p_{i2},则要满足风压平衡定律,就应在通路 2 上进行增阻调节,其调节量等于 $p_{i1} - p_{i2}$。设节点 1 至 i 有 L 条通路,其中沿第 k 条通路计算的节点 i 风压最大,则称第 k 条通路为节点 1 至 i 之间的关键路径,为满足风压平衡定律,其他各通路上的阻力应增大 $p_{ik} - p_{ij}(j=1,2,\cdots,L,j\neq k)$。以上调风原则对于节点 $i=2,3,\cdots,m$ 都成立。从节点 1 到任意节点都计算其关键路径,并由关键路径计算所有节点的风压,对每一分支按能量方程及其始末节点的风压就可确定其增阻调节量,使得风网中任意回路都满足风压平衡定律,就达到了风压调节之目的。这一调节过程称为前推过程。

相反,由任何节点至总出风口节点 m 的各通路中的关键路径计算各节点风压,并调节各分支的阻力,也可达到风压调节的目的,这一调节过程称为后推过程。

5.3.2 算法步骤

关键路径法具体的算法步骤如下:

(1)节点编号

对各节点编号的要求是,对所有分支 $e_k = (v_i, v_j)$,均满足 $v_i < v_j$,即各分支的末节点号大于始节点号。为此,把总进风口节点编为 1 号,然后,找出一个节点,如果以该节点为末节点的所有分支的始节点都已编过号,则用下一个数字给该节点编号。如此反复下去,直到所有节点都已编号为止。

(2)前推过程

① 用 u_j 表示节点风压,且令 $u_1 = 0$。

② 对节点 $j=2,3,\cdots,m$,依次用下式计算各节点风压:

$$u_j = \max(u_i + h_{ij} - h_{zij}) \tag{5-8}$$

上式含义为,在以节点 j 为末节点的所有分支中,找出其始节点风压与该分支阻力之和再减去分支位压差为最大的一条分支来计算 u_j。

③ 计算各分支的阻力调节值 X_{ij} 得:

$$X_{ij} = u_j - u_i - h_{ij} + h_{zij} \tag{5-9}$$

④ 计算各通风机风压,由于 $u_1 = 0$,故 $h_f = u_m$。

(3)后推过程

为了与前推过程所得结果相区别,用 t_i 表示节点风压,用 Y_{ij} 表示阻力调节量。

① 令 $t_m = u_m$。

② 对节点 $m-1, m-2, \cdots, 1$,依次倒退计算各节点风压:

$$t_i = \min(t_j - h_{ij} + h_{zij}) \tag{5-10}$$

上式表示,在以节点 i 为始节点的所有分支中,找出其末节点风压与分支阻力之差,再加上分支位压差为最小的一条分支来计算 t_i。

③ 计算阻力调节量:

$$Y_{ij} = t_j - t_i - h_{ij} + h_{zij} \tag{5-11}$$

④ 计算各通风机风压：$h_f = t_m$。

执行上述步骤时，忽略总大气连通分支$(m,1)$，按前推过程和后推过程分别得出两个全增阻调节方案。由于这两个方案的风机风压相等，故是等效的。

[**例 5-2**]　如图 5-2 所示风网，已知：各分支风阻 $R_{12} = 0.01$ N·s^2/m^8，$R_{23} = 0.1$ N·s^2/m^8，$R_{24} = 0.15$ N·s^2/m^8，$R_{35} = 0.25$ N·s^2/m^8，$R_{45} = 0.6$ N·s^2/m^8，$R_{36} = 0.5$ N·s^2/m^8，$R_{56} = 0.4$ N·s^2/m^8，$R_{46} = 0.8$ N·s^2/m^8，$R_{67} = 0.02$ N·s^2/m^8；各分支风量 $q_{12} = 100$ m^3/s，$q_{23} = 60$ m^3/s，$q_{24} = 40$ m^3/s，$q_{35} = 30$ m^3/s，$q_{45} = 10$ m^3/s，$q_{36} = 30$ m^3/s，$q_{56} = 40$ m^3/s，$q_{46} = 30$ m^3/s，$q_{67} = 100$ m^3/s。根据各分支风阻和风量计算出的各分支阻力在图中注明，单位为 Pa，设各节点标高相同，各分支位能差为零，试用关键路径法求两组调节方案。

解：

（1）节点编号

按要求给各节点编号，结果见图 5-2。

（2）前推过程

① 令 $u_1 = 0$。

② 计算各节点压力：

$u_2 = u_1 + h_{12} = 0 + 100 = 100$ Pa；

$u_3 = u_2 + h_{23} = 100 + 360 = 460$ Pa；

$u_4 = u_2 + h_{24} = 100 + 240 = 340$ Pa；

$u_5 = \max\{(u_3 + h_{35}), (u_4 + h_{45})\} = \max\{460 + 225), (340 + 60)\} = \max\{685, 400\} = 685$ Pa；

$u_6 = \max\{(u_3 + h_{36}), (u_4 + h_{46}), (u_5 + h_{56})\} = \max\{(460 + 450), (340 + 720), (685 + 640)\} = \max\{910, 1\,060, 1\,325\} = 1\,325$ Pa；

$u_7 = u_6 + h_{67} = 1\,325 + 200 = 1\,525$ Pa。

计算所得的各节点风压值标注在图 5-3 中。

③ 计算各分支阻力调节值：

$X_{45} = u_5 - u_4 - h_{45} = 685 - 340 - 60 = 285$ Pa；

$X_{46} = u_6 - u_4 - h_{46} = 1\,325 - 340 - 720 = 265$ Pa；

$X_{36} = u_6 - u_3 - h_{36} = 1\,325 - 460 - 450 = 415$ Pa。

用同样方法计算，其他分支的阻力调节值均为零。

④ 求风机风压：$h_f = u_7 = 1\,525$ Pa。

由上述结果可知，有 3 条分支阻力调节值大于零，需安设调节风窗，构成一个调节方案，见图 5-3。

（3）后推过程

① 计算各节点风压：

$t_7 = u_7 = 1\,525$ Pa；

$t_6 = t_7 - h_{67} = 1\,525 - 200 = 1\,325$ Pa；

$t_5 = t_6 - h_{56} = 1\,325 - 640 = 685$ Pa；

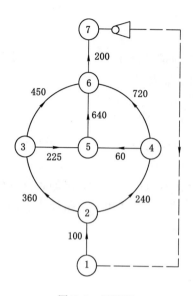

图 5-2　风网图

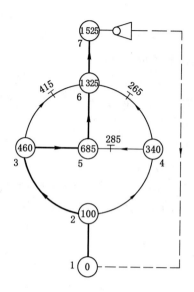

图 5-3　前推过程计算结果

$t_4 = \min\{(t_5 - h_{45}), (t_6 - h_{46})\} = \min\{(685 - 60), (1\,325 - 720)\} = \min\{625, 605\} = 605$ Pa；

$t_3 = \min\{(t_5 - h_{35}), (t_6 - h_{36})\} = \min\{(685 - 225), (1\,325 - 450)\} = \min\{460, 875\} = 460$ Pa；

$t_2 = \min\{(t_3 - h_{23}), (t_4 - h_{24})\} = \min\{(460 - 360), (605 - 240)\} = \min\{100, 365\} = 100$ Pa；

$t_1 = t_2 - h_{12} = 100 - 100 = 0$ Pa。

同样,将各节点风压计算值标注在图 5-4 中。

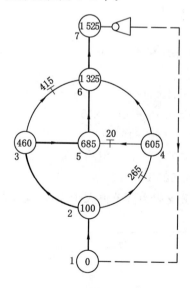

图 5-4　后推过程计算结果

② 计算各分支阻力调节值：

$Y_{24} = t_4 - t_2 - h_{24} = 605 - 100 - 240 = 265 \ \text{Pa}$；

$Y_{45} = t_5 - t_4 - h_{45} = 685 - 605 - 60 = 20 \ \text{Pa}$；

$Y_{36} = t_6 - t_3 - h_{36} = 1\ 325 - 460 - 450 = 415 \ \text{Pa}$。

其他各分支的阻力调节值均为零。

③ 求风机风压：$h_f = t_7 = 1\ 525 \ \text{Pa}$。

由上述结果可知，也有 3 条分支的阻力调节值大于零，构成了另一调节方案。

以上得出的两组调节方案，风机风压相等，调节分支数目相等，各调节分支都用增阻调节，故两组方案是等效的，可根据分支可调节性和调节优先性，来选择其一对该风网进行调节。

(4) 关键路径法的特点

从上述算法和算例可以看出，关键路径法具有以下特点：

① 上例得出的两个调节方案中，不需调节的分支都可形成从节点 1 到节点 7 的一条通路，即 1—2—3—5—6—7，如图 5-3 和图 5-4 中的粗实线所示。这条通路就是所谓的关键路径，它是风网中的最大阻力路线。该关键路径上各分支阻力之和，等于通风机风压。因此，只要在关键路线上不增阻，就能在其他所有调节分支都用增阻调节的情况下使通风机风压为最小，这就是本算法能保证得出最优全增阻调节方案的原因。由上例可以看出，按照上述算法进行计算，可以自动保证实现这一点。

② 上述两个调节方案都有 3 条分支增阻，再加上风机所在分支也视作调节，共有 4 个调节分支。该风网中共有 10 条分支，7 个节点，故余树弦数目为 $b = 10 - 7 + 1 = 4$。可见，调节分支数目等于风网的余树弦数目。

③ 上述两个调节方案中，不需调节的分支恰好形成一棵生成树，图 5-5(a) 和图 5-5(b) 分别为前推和后推过程所得调节方案中不调节分支所构成的生成树。显然，这两方案中的调节分支也就恰好形成相应的两个余树。由此可见，本算法虽然没有选择回路，也没有事先确定出余树弦，但计算结果仍然符合"所有调节分支必须包含在同一余树中"这一原则。

④ 若把各分支的阻力视作分支的权，则从节点 1 到任一节点的最长路包含在前推过程所得的生成树中，如图 5-5(a) 所示。而从任一节点到节点 m 的最长路则包含在由后推过程所得的生成树中，见图 5-5(b)。因此，用上述方法所得的两个调节方案，称为最长路树解。

⑤ 从上述前推过程可以看出，任一节点的风压都是基于流入该节点的所有分支的始节点风压已确定为前提条件，按式 (5-8) 推算出来的。如果通风网络存在所有分支方向一致的回路，即单向回路时，则这一前提条件就得不到满足，对于后推过程也存在类似情况，此时，关键路径法失效而无法使用。为了避免出现单向回路，通风网络中的总大气连通分支不参与前推和后推过程的计算；矿井外部漏风分支的始节点设为总进风口节点，其末节点设为风机入口节点。

(5) 确定关键路径的方法

由例 5-2 前推过程和后推过程的计算所得的两棵最长路树可以看出，图 5-5(a)、(b) 中用粗实线表示的关键路径是相同的，关键路径上的各节点风压也相同。因此，可由前推过程得到的最长路树信息，采用深度优先搜索法，寻找关键路径，设通风网络总进风口节点为 1，当存在多个出风口节点时，其具体算法如下：

① 在前推过程计算之后，找出不需增阻调节的所有分支。

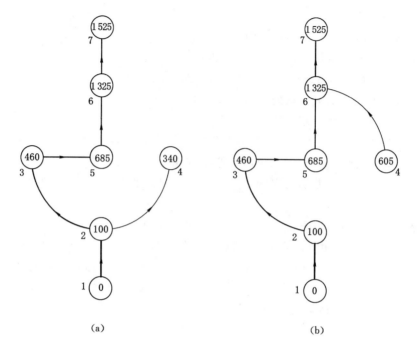

图 5-5　最长路树

② 令 $E=$ 出风口节点编号。

③ 找一条无增阻调节的分支 L 其末节点为 E,则分支 L 为关键路径上的一条分支,记录下分支 L;转步骤④;如果找不到这样的分支,则转步骤⑥。

④ 令 E 等于分支 L 的始节点编号。

⑤ 当 $E\neq1$ 时,返回步骤③,否则转步骤⑦。

⑥ 沿着刚才到达 E 的路线,后退一个节点到 u 点,并将与 E、u 两节点关联的分支 L 去掉,即从记录中删除 L,再令 $E=u$,返回步骤③。

⑦ 令 E 等于另一出风口节点,并返回步骤③,直到所有出风口节点都计算过为止,得到自总进风口节点到各出风口节点的关键路径。

5.4　调节方案的选择与变换

通风网络风量调节的方案通常不是唯一的。固定风量法和关键路径法所求得的调节方案是否可行,需要进行分析。本节讨论调节方案的选择及变换问题。

5.4.1　调节方案的选择

通风网络风量调节是一个复杂工程问题。其主要原因是调节方案的多样性。在风网中选择一棵生成树,把相应的余树弦定为调节分支,就可得到一个调节方案。若另选一棵生成树,则又可得一个调节方案。因此,风网中有多少棵互异生成树,就可以构成多少个调节方案。对图 5-1 所示的含有 16 条分支、11 个节点的风网,其基本关联矩阵为:

$$\boldsymbol{B} = \begin{bmatrix} 1 & 0 & 0 & 0 & 0 & 0 & 0 & 0 & 0 & 0 & 0 & 0 & 0 & 0 & 0 & -1 \\ -1 & 1 & 1 & 0 & 0 & 0 & 0 & 0 & 0 & 0 & 0 & 0 & 0 & 0 & 0 & 0 \\ 0 & -1 & 0 & 1 & 1 & 0 & 0 & 0 & 0 & 0 & 0 & 0 & 0 & 0 & 0 & 0 \\ 0 & 0 & -1 & -1 & 0 & 1 & 0 & 0 & 0 & 0 & 0 & 0 & 0 & 0 & 0 & 0 \\ 0 & 0 & 0 & 0 & -1 & 0 & 0 & 1 & 0 & 1 & 1 & 0 & 0 & 0 & 0 & 0 \\ 0 & 0 & 0 & 0 & 0 & -1 & 1 & 0 & 0 & 0 & 0 & 1 & 0 & 0 & 0 & 0 \\ 0 & 0 & 0 & 0 & 0 & 0 & -1 & -1 & 0 & 0 & 0 & 0 & 0 & 0 & 0 & 0 \\ 0 & 0 & 0 & 0 & 0 & 0 & 0 & 0 & -1 & -1 & 0 & -1 & 1 & 0 & 0 & 0 \\ 0 & 0 & 0 & 0 & 0 & 0 & 0 & 0 & 0 & 0 & 0 & 0 & -1 & 0 & 0 & 0 \\ 0 & 0 & 0 & 0 & 0 & 0 & 0 & 0 & 0 & 0 & 0 & 0 & 0 & -1 & 1 & 0 \end{bmatrix}$$

则该通风网络互异的生成树总数为 $n_T = \det(\boldsymbol{B} \cdot \boldsymbol{B}^{\mathrm{T}}) = 1\,606$ 个,相应的就有 1 606 种调节方案。无论风网中有多少种调节方案,都可分为以下三类。

① 不可行方案。方案中至少有一个调节点的调节方法无法实现。例如计算出某分支需减阻调节,而该分支无法减阻时,这个方案就是不可行方案。

② 可行方案。方案中各调节方法都能实现,可满足风量调节的要求。这类方案在实践中是可行的。

③ 最优方案。最优方案首先是可行方案,同时还可满足风网调节的优化指标。对于风网调节问题,可以取通风网络总功率最小和调节设施数最少作为优化指标。当风机风量一定时,也可取通风网络总阻力最小作为优化指标。

在一个风网众多调节方案中,必有多种方案是等效的。只要得到一个可行方案,就可实现对风网的有效调节与控制。若得到一个最优方案,则可最经济地实现风网的调节。用固定风量法计算调节方案时,由于须事先人为确定调节点,难以对调节参数进行预先估计,因此对于计算结果要进行分析,判断是否可行,有时需反复计算多次,经分析比较和选择,才能得到满意的调节方案。

对调节方案进行分析比较和选择时,应遵循安全可靠性、技术可行性和经济合理性的总原则,对于矿井通风网络,主要应考虑以下问题:

① 调节方案应简单、易行。调节点数目应尽可能少,在通风机能力许可的前提下,尽量采用增阻法调节。

② 一般可考虑在采掘工作面回风巷道、硐室和其他用风巷道中设置增阻调节设施。在煤矿中,对于开采煤与瓦斯突出煤层时,采掘工作面回风侧不得设置调节风量的设施,以免突出时不能快速卸压而造成较大范围的逆流,可考虑在其进风巷道或对其敏感的其他关联进风巷道中设置增阻调节设施。

③ 辅助通风机调节不仅能达到风量调节的目的,而且在一定条件下,可以起到降低通风总阻力的效果。但辅助通风机的管理比较麻烦,对安装地点的要求较高,应合理选择辅助通风机的位置。在煤矿井下严禁安设辅助通风机,而在金属矿可以考虑使用。

④ 调节方案要适应其所在风道的客观条件。如采区服务年限短的巷道不宜采用工程量大的减阻调节。在运输频繁或倾斜运输巷道中,不应安设调节风窗等设施,以免影响运输或人员通行与安全。

⑤ 在有自然发火危险的采空区或封闭火区附近布置调节设施时,应充分考虑有利于采

空区的均压防灭火,防止采空区的漏风增加而导致自燃。

⑥ 所有调节点必须包含在风网的同一余树中,以免造成调节点的重复设置。

⑦ 调节后通风网络总功耗应尽量小。当通风网络总风量一定时,通风总阻力应尽量小。为此,增阻调节点不应设置在通风网络最大阻力通路上,而减阻和增能调节应考虑在最大阻力通路的关键分支上实施,以降低通风网络总阻力,减少通风能耗。

5.4.2 调节方案的变换

前面介绍的固定风量法和关键路径法求解风量调节问题时,对于调节点或调节参数事先无法确定,有时可能因为某些调节点的调节方法无法实现,而使所得调节方案成为不可行方案。

固定风量法需把调节点定为余树弦,而关键路径法的调节点也在最长路树对应的余树弦上。因此,确定调节点也就是确定一棵生成树及其相应的余树。如果计算结果不可行,可认为是生成树选的不合理。计算实践表明,一般情况下,不可行方案中往往只有少数调节参数无法实现,而多数调节分支则是可行的。所以可以充分利用已选出的生成树进行生成树的变换,也就是调节方案的变换。这样可以减少二次计算量,同时也加强了生成树选择的针对性。

通过改变生成树的方法,可以很方便地实现调节方案的变换,具体方法如下:

① 如果计算出的调节方案中,其余树弦需要减阻,但该分支不能减阻,则将该余树弦加入到所得出的生成树中,形成一个回路。在该回路中,找出一条与刚加入的余树弦方向相反的分支,把这条分支取出作为一条新的余树弦,而原加入的余树弦变为树枝。这样,就得到一棵新的生成树,用这棵生成树与其对应的各余树弦结合形成回路,再列回路风压平衡方程式(5-5)进行计算,就会得出一个新的方案。在这个新方案中,原不宜减阻的分支不必减阻,而在新选出的余树弦上增阻。

② 如果计算出的调节方案中,某余树弦需增阻,但该分支不宜增阻时,则将该余树弦加入到所得的生成树中,形成一回路,在该回路中,找出一条与已加入的余树弦方向相同的分支,把它取出作为新的余树弦,而原加入的余树弦变为树枝,这样就得出一棵新的生成树,用这棵生成树与其对应的各余树弦结合形成回路,再列回路风压平衡方程式(5-5)进行计算,结果原不能增阻的分支可不必增阻,而在新选出的余树弦中增阻。

上述两种情况若同时出现,则可以同时进行处理。

[例 5-3] 在例 5-1 中,计算出了图 5-1 所示网络的一个调节方案。假设在该风网中,分支 e_{10} 不能降阻,试在该方案基础上求另外替换方案。

解:替换方案 1,根据上例算法,在原方案所选生成树的基础上进行生成树的变换,原方案所得生成树如图 5-6(a)中实线所示。首先将余树弦 e_{10} 加入到该树中,如图 5-6(a)中虚线所示,则得到一个回路 $(e_{10}, e_5, -e_4, -e_6, -e_7, -e_9)$。在该回路中,分支 e_{10} 与 e_9 方向相反,取 e_9 作为新的余树弦,得到一棵新的生成树 $T_1 = (e_1, e_2, e_4, e_5, e_6, e_7, e_{10}, e_{13}, e_{14}, e_{16})$,如图 5-6(b)中实线所示,相应的余树 $\overline{T}_1 = (e_3, e_8, e_9, e_{11}, e_{12}, e_{15})$ 如图 5-6(b)中虚线所示,该生成树对应的基本回路信息为:

$C_1 = (e_3, -e_4, -e_2), C_2 = (e_8, -e_7, -e_6, -e_4, e_5), C_3 = (e_9, -e_{10}, -e_5, e_4, e_6, e_7),$
$C_4 = (e_{11}, -e_{13}, -e_{10}), C_5 = (e_{12}, -e_{10}, -e_5, e_4, e_6), C_6 = (e_{15}, e_{16}, e_1, e_2, e_5, e_{10}, e_{13}, e_{14})。$

与例 5-1 原方案的基本回路信息对照可知,回路 C_1、C_2 没有变化,其对应的余树弦 e_3 和 e_8 的阻力调节值也不变,即 $\Delta h_3 = 0$ Pa,$\Delta h_8 = 97.445$ Pa。而回路 C_3、C_4、C_5、C_6 发生变化,可

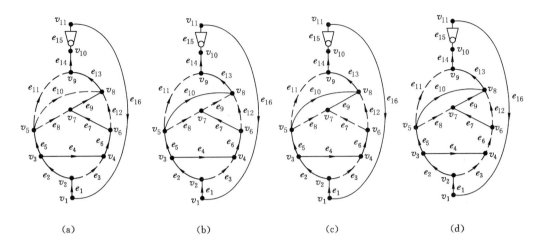

图 5-6　调节方案的变换

以列出相应的风压平衡方程式(5-5)，计算出这些变化的回路中余树弦新的阻力调节量：

$$\Delta h_9 = -(h_9 - h_{10} - h_5 + h_4 + h_6 + h_7) = -(624.6 - 767.88 - 72.557 + 34.912 + 140.4 + 14.94) = 25.585 \text{ Pa};$$

$$\Delta h_{11} = -(h_{11} - h_{13} - h_{10}) = -(223 - 116.423 - 767.88) = 661.303 \text{ Pa};$$

$$\Delta h_{12} = -(h_{12} - h_{10} - h_5 + h_4 + h_6) = -(131.22 - 767.88 - 72.557 + 34.912 + 140.4) = 533.905 \text{ Pa};$$

$$\Delta h_{15} = -(h_{15} + h_{16} + h_1 + h_2 + h_5 + h_{10} + h_{13} + h_{14}) = -(0 + 0 + 84.094 + 6.341 + 72.557 + 767.88 + 116.423 + 589.472) = -1\,636.767 \text{ Pa}.$$

替换方案 2，在回路 $(e_{10}, e_5, -e_4, -e_6, -e_7, -e_9)$ 中，若不选择分支 e_9 作变换，而选择与分支 e_{10} 反方向的分支 e_7，即取 e_7 作为新的余树弦，则得到另一棵新的生成树 $T_2 = (e_1, e_2, e_4, e_5, e_6, e_9, e_{10}, e_{13}, e_{14}, e_{16})$，如图 5-6(c) 中实线所示，相应的余树 $\overline{T}_2 = (e_3, e_8, e_7, e_{11}, e_{12}, e_{15})$，如图 5-6(c) 中虚线所示。该生成树对应的基本回路信息为：

$$C_1 = (e_3, -e_4, -e_2), C_2 = (e_8, e_9, -e_{10}), C_3 = (e_7, e_9, -e_{10}, -e_5, e_4, e_6), C_4 = (e_{11}, -e_{13}, -e_{10}), C_5 = (e_{12}, -e_{10}, -e_5, e_4, e_6), C_6 = (e_{15}, e_{16}, e_1, e_2, e_5, e_{10}, e_{13}, e_{14}).$$

与替换方案 1 对照，除了基本回路 C_2、C_3 不同外，其他均相同。列出回路 C_2、C_3 的风压平衡方程式(5-5)，求出相应的余树弦阻力调节量如下：

$$\Delta h_8 = -(h_8 + h_9 - h_{10}) = -(20.25 + 624.6 - 767.88) = 123.03 \text{ Pa};$$

$$\Delta h_7 = -(h_7 + h_9 - h_{10} - h_5 + h_4 + h_6) = -(14.94 + 624.6 - 767.88 - 72.557 + 34.912 + 140.4) = 25.585 \text{ Pa}.$$

其他基本回路中余树弦的阻力调节量与替换方案 1 相同。

$$\Delta h_3 = 0 \text{ Pa}, \Delta h_{11} = 661.303 \text{ Pa}, \Delta h_{12} = 533.905 \text{ Pa}, \Delta h_{15} = -1\,636.767 \text{ Pa}.$$

替换方案 3，在回路 $(e_{10}, e_5, -e_4, -e_6, -e_7, -e_9)$ 中，若不选择分支 e_9 和 e_7 作变换，而选择与分支 e_{10} 反方向的分支 e_6，即取 e_6 作为新的余树弦，则又可得到另一棵新的生成树 $T_3 = (e_1, e_2, e_4, e_5, e_7, e_9, e_{10}, e_{13}, e_{16})$，如图 5-6(d) 中实线所示，相应的余树 $\overline{T}_3 = (e_3, e_8, e_6, e_{11}, e_{12}, e_{15})$，如图 5-6(d) 中虚线所示。该生成树对应的基本回路信息为：

$C_1=(e_3,-e_4,-e_2)$，$C_2=(e_8,e_9,-e_{10})$，$C_3=(e_6,e_7,e_9,-e_{10},-e_5,e_4)$，$C_4=(e_{11},-e_{13},-e_{10})$，$C_5=(e_{12},-e_9,-e_7)$，$C_6=(e_{15},e_{16},e_1,e_2,e_5,e_{10},e_{13},e_{14})$。

与替换方案2对照，除了基本回路C_3、C_5不同外，其他均相同。列出回路C_3、C_5的风压平衡方程式(5-5)，求出相应的余树弦阻力调节量如下：

$\Delta h_6=-(h_6+h_7+h_9-h_{10}-h_5+h_4)=-(140.4+14.94+624.6-767.88-72.557+34.912)=25.585$ Pa；

$\Delta h_{12}=-(h_{12}-h_9-h_7)=-(131.22-624.6-14.94)=508.32$ Pa。

其他基本回路中余树弦的阻力调节量与替换方案2相同。

$\Delta h_3=0$ Pa，$\Delta h_8=123.03$ Pa，$\Delta h_{11}=661.303$ Pa，$\Delta h_5=-1\ 636.767$ Pa。

经过上述变换后，得到了3个替代方案，其结果一并列入表5-2中。3个替代方案均实现了全增阻调节。原方案分支e_{10}不需减阻调节，而分别改在分支e_9、e_7和e_6上进行增阻调节，增阻调节量均为25.585 Pa，与e_{10}的减阻调节量相等。3个替换方案的风机所需风压均为1 636.767 Pa，风量均为52 m³/s，故调节后通风网络总能耗相同，与原方案相比风机风压也增加了25.585 Pa，这是由于用增阻调节替代减阻调节所致。一般而言，增阻调节实施简单、易行、快捷，在主要通风机能力许可的条件下，应优先选择增阻调节。对于替换方案1，如果用风分支e_8或e_7是有煤与瓦斯突出危险的采掘工作面，则在其回风侧分支e_9上进行增阻调节是不可行的，此时可考虑采用替换方案3，即改在其进风侧分支e_6上进行增阻调节较为安全可靠。当然如果e_8或e_7是无突出危险的采掘工作面或其他用风地点（如硐室或用风巷道），可以选择替换方案2就在该用风分支上进行增阻调节。总之，应从安全可靠性、技术可行性和经济合理性三方面进行综合考虑，确定出最优的调节方案。

表 5-2　　　　　　　　　　　　调节方案比较表

分支号	始点	末点	风阻/(N·s²/m⁸)	阻力/Pa	风量/(m³/s)	调节风压/Pa				分支性质
						原方案	替换方案1	替换方案2	替换方案3	
1	1	2	0.031 1	84.094	52	0	0	0	0	进风分支
2	2	3	0.003 3	6.341	43.836	0	0	0	0	进风分支
3	2	4	0.619	41.253	8.164	0	0	0	0	进风分支
4	3	4	0.747	34.912	6.836	0	0	0	0	进风分支
5	3	5	0.053	72.557	37	0	0	0	0	进风分支
6	4	6	0.624	140.4	15	0	0	0	25.585	进风分支
7	6	7	0.415	14.94	6	0	0	25.585	0	用风分支
8	5	7	0.25	20.25	9	97.445	97.445	123.03	123.03	用风分支
9	7	8	2.776	624.6	15	0	25.585	0	0	回风分支
10	5	8	2.37	767.88	18	-25.585	0	0	0	用风分支
11	5	9	2.23	223	10	635.718	661.303	661.303	661.303	用风分支
12	6	8	1.62	131.22	9	508.32	533.905	533.905	508.32	用风分支
13	8	9	0.066	116.423	42	0	0	0	0	回风分支
14	9	10	0.218	589.472	52	0	0	0	0	回风分支
15	10	11	0	0	52	-1 611.182	-1 636.767	-1 636.767	-1 636.767	风机分支
16	11	1	0	0	52	0	0	0	0	虚拟分支

上例表明,采用上述方法可通过生成树的变换来实现调节方案的变换。这在一定程度上克服了人为确定调节点的盲目性或调节方法的不可预见性。一次计算如果得出了不可行方案,用上述方法再次计算就有可能得到可行方案。

思考与练习题

5-1　简述固定风量法进行风量调节计算的原理和步骤。

5-2　选择固定风量分支和风机分支作为当然的余树弦,应注意什么问题?

5-3　简述关键路径法进行风网阻力调节的原理和步骤。

5-4　简述调节方案的选择原则。

5-5　题图 5-1 中,已知分支数 $n=8$,节点数 $m=6$,$R_1=0.14$ N·s²/m⁸,$R_2=0.11$ N·s²/m⁸,$R_3=0.21$ N·s²/m⁸,$R_4=0.32$ N·s²/m⁸,$R_5=0.15$ N·s²/m⁸,$R_6=0.19$ N·s²/m⁸,$R_7=0.23$ N·s²/m⁸,$R_8=0.44$ N·s²/m⁸,各分支风量为 $q_1=15$ m³/s,$q_2=35$ m³/s,$q_3=10$ m³/s,$q_4=25$ m³/s,$q_5=25$ m³/s,$q_6=15$ m³/s,$q_7=40$ m³/s,$q_8=10$ m³/s。试用关键路径法求两组调节方案。

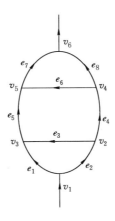

题图 5-1

6 通风网络解算程序及应用

根据前面介绍的通风网络解算数学模型和算法,可编制计算机程序。在国内外用各种编程语言编写的通风网络解算程序不计其数。早期的程序是运行在 DOS 环境下,用 FORTRAN 或 C 语言编写。随着计算机科学技术的发展,基于 WINDOWS 环境下的通风网络解算可视化软件应运而生,并逐步成为主流。例如,用 Microsoft Visual C++ 或 Visual Basic 与 Microsoft Office Access 或 Microsoft SQL Server 混合编程开发的通风网络解算可视化软件,它一般是由通风网络图形处理子系统、通风数据库管理子系统和通风网络解算子系统组成。通风网络图形处理子系统主要实现通风系统平面图和立体图的显示,通风网络节点和分支的绘制、修改、删除等功能,有些软件还能根据通风系统图自动生成通风网络图。通风数据库管理子系统主要实现对通风网络原始数据和通风机特性数据的输入、保存、修改、删除等操作。通风网络解算子系统通常将固定风量法、关键路径法与调节方案变换法等有机结合在一起,实现通风网络风量调节解算,并可进行通风机联网工况优化调节的计算等。本章介绍一个由中国矿业大学研制开发的矿井通风网络分析软件 MVS 的功能、操作和应用。

6.1 通风网络图形处理系统

矿井通风网络图形处理系统主要包括矿井通风系统 AutoCAD 图形的导入显示、通风网络的节点和分支的绘制、删除及其参数的修改。其具体操作步骤如下:

① 首先将通风系统 AutoCAD 图形文件进行整体分解,并将分解后的图形另存为.dxf格式的文件。

② 启动矿井通风网络分析软件 MVS 系统,进入软件主界面,选择主菜单,打开数据库文件 MVS.mdb。

③ 选择[图形数据转换]菜单,打开矿井通风系统图.dxf 文件,即可将图形数据保存到已打开的 MVS.mdb 数据库中。

④ 选择[通风系统图导入]菜单,该图形即可绘制显示在图形窗口中,如图 6-1 所示。

⑤ 选择绘制测点工具按钮,对风道中存在变坡的地点和网络节点处需绘制测点,以便后续连接分支时使用三维坐标自动计算分支实际长度。在需绘制测点的地方双击鼠标,弹出测点坐标对话框,如图 6-2 所示,输入测点编号和测点 Z 坐标(即测点标高)参数,其中测点 X、Y 坐标参数为自动获取鼠标点击位置的平面坐标值,按[确定]按钮,即可在鼠标点击处绘制测点圆。如果所有巷道分支都无变坡点,则无须绘制测点,而直接绘制节点。

⑥ 选择绘制节点和自动捕捉工具按钮,捕捉是节点的测点,双击鼠标,弹出风网节点对

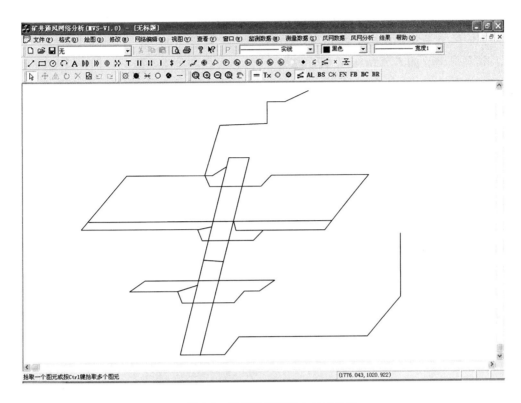

图 6-1 通风系统图导入显示界面

话框,如图 6-3 所示,输入节点编号、标高(自动获取所捕捉测点的 Z 坐标)、空气密度参数,按[确定]按钮,即可在测点上绘制节点实心圆。所绘节点必须包含通风网络所有的节点。对于直接绘制节点的情况,无须启动自动捕捉测点的功能。

图 6-2 测点参数输入对话框

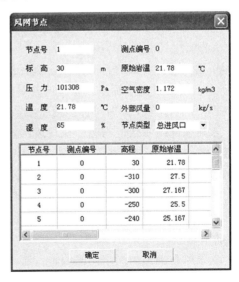

图 6-3 节点参数输入对话框

⑦ 选择绘制风网分支和自动捕捉工具按钮，先捕捉分支的始节点（第一个测点），单击鼠标左键选中，然后拖动鼠标按风流方向依次捕捉分支经过的中间测点，并单击鼠标左键选中，最后捕捉到分支的末节点，单击鼠标左键选中，弹出风网分支参数对话框（见图6-4），输入相应参数：分支号、风道名称、断面形状、断面积、风阻计算模式、摩擦系数、分支类别、定流分支需配风量、调节类别，断面周长、标态风阻平均密度参数用鼠标点击文本框即可自动计算生成，其他参数可取默认值，按对话框[确定]按钮绘出两节点间的连线，并保存输入的参数。重复上述步骤，完成所有分支的绘制，如图6-5所示。

图 6-4　风网分支参数输入对话框

⑧ 通风网络参数的自动标注。执行菜单[画面设定]命令，弹出画面设置对话框，如图6-6所示。按需要设定标注内容和图元对象颜色设定，按[确定]按钮，即可按画面设定要求进行显示。对于分支同时可标注两个参数，节点只标注一个参数。

⑨ 通风网络参数的修改。执行风网修改工具栏中的[修改节点]或[修改分支]命令，然后，拾取节点或分支，点击鼠标左键，弹出相应的对话框，即可修改其中的参数，然后按对话框中的[确定]按钮即可保存修改后的数据。

⑩ 通风网络合法性检查。执行显隐图层工具栏中的[CK]命令，则自动检查显示通风网络中分支始末节点号不在风网节点表中的分支号、分支始末节点相同的分支号和风网不连通的节点号。如图6-7所示。

⑪ 通风系统图与网络图的编辑。通风网络图形系统除了绘制显示功能外，还可利用视图工具栏实现对图形的缩放、局部放大、全屏显示和平移等操作。

⑫ 图层的显隐。可利用显隐图层工具栏，可实现对通风系统图与文字、通风网络的测点、节点、分支及其自动标注进行显隐操作。

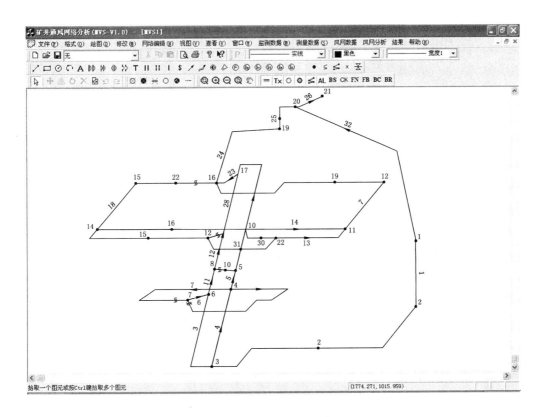

图 6-5 某矿通风网络绘制完成图

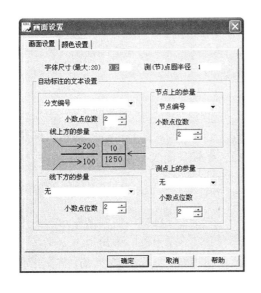
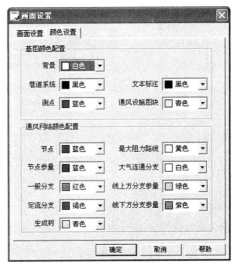

图 6-6 画面设置对话框

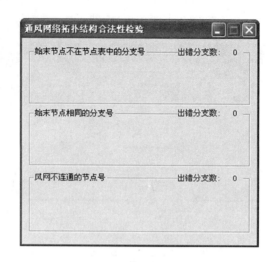

图 6-7   风网合法性检查结果对话框

6.2   通风网络数据库管理系统

通风网络数据库管理系统主要包括输入输出数据表。其中输入数据表有风道摩擦系数表、风机特性曲线表、风网节点表、风网分支参数表、风道设计参数表、风机安装表;输出数据表有网解基本结果表、调节分支结果表、风机运行工况表、最大阻力路线表。数据库采用Microsoft Access 建立。

6.2.1   通风网络解算输入数据表对话框界面设计

该系统每个数据输入表设计一个对话框,对话框大体上分为数据输入编辑区和列表浏览区,在列表浏览区移动记录查看时,数据输入编辑区随之同步变化。对于当前输入或选中的记录,可以利用该对话框中工具栏的命令对其进行添加、修改、删除和对整个表的更新操作。

(1)风网节点参数表修改对话框

在绘制通风网络图时已输入了风网节点参数,当需要进行对风网的节点号、测点编号和标高除外的节点参数进行修改时,可以执行主菜单中[网络节点参数]命令,弹出风网节点对话框,见图 6-8。主要修改节点的空气密度等参数。若需要修改节点号和节点标高,则必须执行风网修改工具栏中的[修改节点]的命令进行修改。

(2)风网分支参数表修改对话框

在绘制通风网络图时已输入了网络分支参数,当需要进行对网络的分支号及始末节点号除外的分支参数进行修改时,可以执行主菜单中[风网分支参数]命令,弹出风网分支参数对话框,见图 6-9。主要修改分支的长度、断面积、周长、摩擦系数、风阻、分支类别、调节类别等参数。若需要修改分支号,则必须执行网络修改工具栏中的[修改分支]的命令进行修改。

(3)风机特性曲线输入对话框

选择[测量数据]中的[风机特性曲线]菜单,弹出通风机测定对话框(见图 6-10)。在该对话框中,输入风机编号(第一个代码表示风机类别,轴流式通风机为 A、离心式通风机为

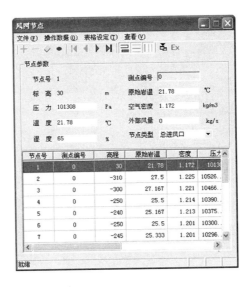

图 6-8　风网节点参数表修改对话框

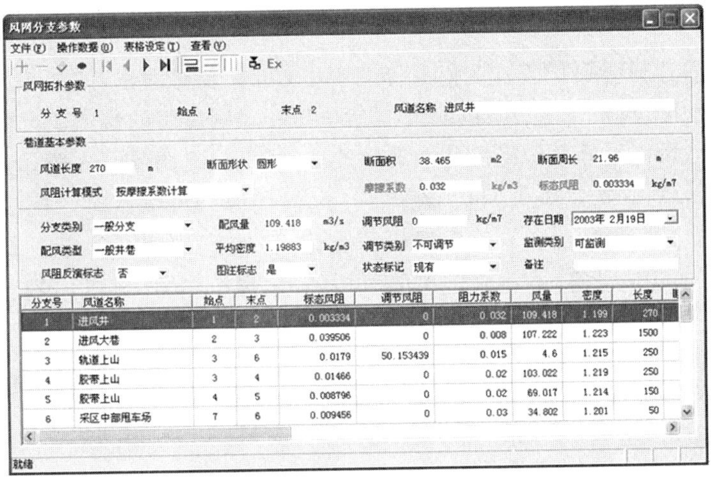

图 6-9　风网分支参数修改对话框

B,其后为区别不同风机型号、转速和叶片安装角的信息)、风机型号、额定转速、额定功率、叶片角度、风机特性曲线的上界点风量和风压(即上界风量、上界风压)、下界点风量和风压(即下界风量、下界风压)、最高最低转速,在中间区域内输入 3 个以上的通风机工况点测定数据:点号、风量、风压、功率、效率。每输完一个工况点,则执行[添加]命令,将风机工况点参数保存到数据库中。用鼠标点击点数文本框,自动统计点数并填入该文本框,默认多项式次数为3,选择拟合方法[最小二乘法],然后按工具栏中[添加]按钮,即可计算出通风机风压、效率和功率特性方程系数,并将计算结果添加到数据库 MVS.mdb 的风机特性曲线表中,并记录下通风机风压、效率和功率特性方程系数。

(4)风机安装输入对话框

首先选择[风网分支参数]菜单,设置风网分支类型参数,将预装风机的分支类型设置改

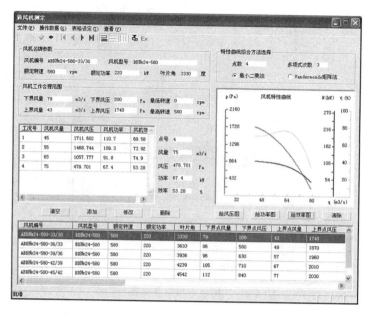

图 6-10　通风机特性参数输入对话框

为风机分支;然后选择[风机安装选择]菜单,弹出风机安装对话框,如图 6-11 所示,其中风机分支号、空气密度、风机风量、风网阻力、自然风压和风网风阻的参数值可由通风网络解算后选择自动填入,风机编号是从风机特性表中选取,风机工况调节方式选择无级调节转速或调节动轮叶片角,单选[选定风机回代验算]或[风机优调],再按该对话框工具条中[修改](已有该风机分支记录)或[添加](无该风机分支记录)按钮,则按 3.4 节进行风机工况优化调节或选定风机的相应计算,并将确定出的风机编号、风机型号、风机风量、风网阻力、风网风阻、实际转速、风机工况调节方式等参数一起填入风机安装表中。

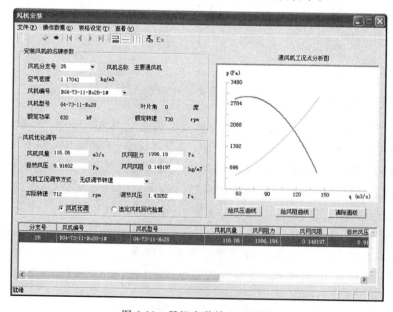

图 6-11　风机安装输入对话框

6.2.2　通风网络解算输出结果对话框界面设计

在[结果]菜单下可以选择[风网解算结果](其中包括子菜单:网解基本结果、调节分支结果、风机运行工况和最大阻力路线),弹出相应的对话框,如图6-12至图6-15。再按该对话框工具条中的导出按钮,即可将结果导出到Excel中,以便使用。结果输出对话框只能显示、导出数据,不具有修改数据的功能。

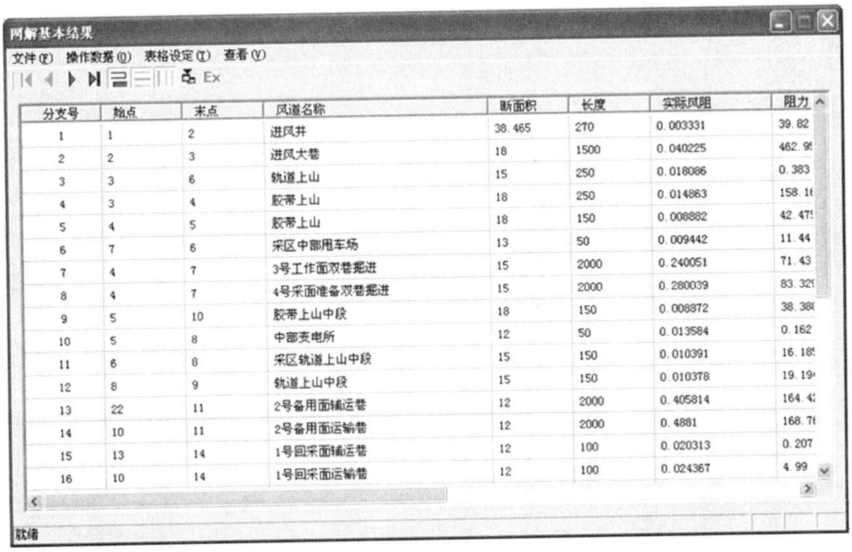

分支号	始点	末点	风道名称	断面积	长度	实际风阻	阻力
1	1	2	进风井	38.465	270	0.003331	39.82
2	2	3	进风大巷	18	1500	0.040225	462.9
3	3	6	轨道上山	15	250	0.018086	0.383
4	3	4	胶带上山	18	250	0.014863	158.1
5	4	5	胶带上山	18	150	0.008882	42.47
6	7	6	采区中部甩车场	13	50	0.009442	11.44
7	4	7	3号工作面双巷掘进	15	2000	0.240051	71.43
8	4	7	4号采面准备双巷掘进	15	2000	0.280039	83.32
9	5	10	胶带上山中段	18	150	0.008872	38.38
10	5	8	中部变电所	12	50	0.013584	0.162
11	6	8	采区轨道上山中段	15	150	0.010391	16.18
12	8	9	轨道上山中段	15	150	0.010378	19.19
13	22	11	2号备用面辅运巷	12	2000	0.405814	164.4
14	10	11	2号备用面运输巷	12	2000	0.4881	168.7
15	13	14	1号回采面辅运巷	12	100	0.020313	0.207
16	10	14	1号回采面运输巷	12	100	0.024367	4.99

图6-12　网解基本结果输出对话框

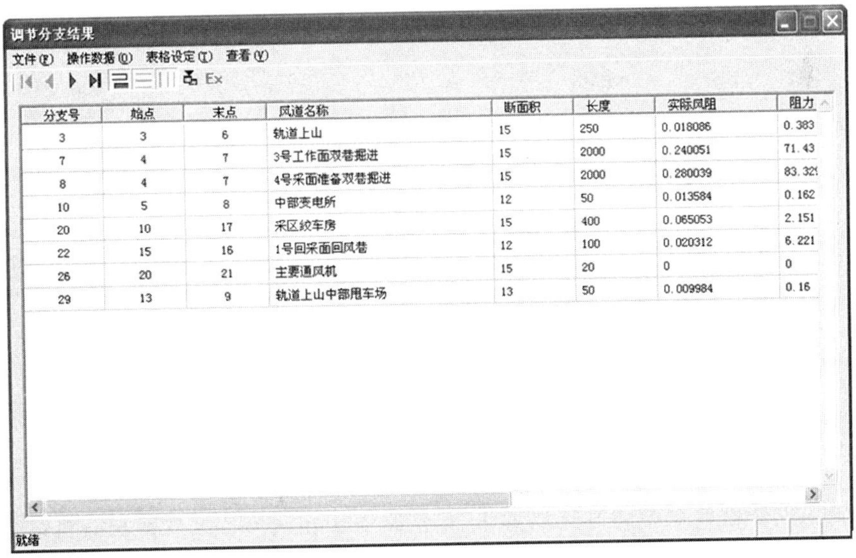

分支号	始点	末点	风道名称	断面积	长度	实际风阻	阻力
3	3	6	轨道上山	15	250	0.018086	0.383
7	4	7	3号工作面双巷掘进	15	2000	0.240051	71.43
8	4	7	4号采面准备双巷掘进	15	2000	0.280039	83.32
10	5	8	中部变电所	12	50	0.013584	0.162
20	10	17	采区绞车房	15	400	0.065053	2.151
22	15	16	1号回采面回风巷	12	100	0.020312	6.221
26	20	21	主要通风机	15	20	0	0
29	13	9	轨道上山中部甩车场	13	50	0.009984	0.16

图6-13　调节分支结果输出对话框

分支号	风机名称	风机型号	实际转速	叶片角	风硐断面积	风硐风速	风网风阻
26	主要通风机	G4-73-11-No28	736	0.0	15	7.466	0.17677

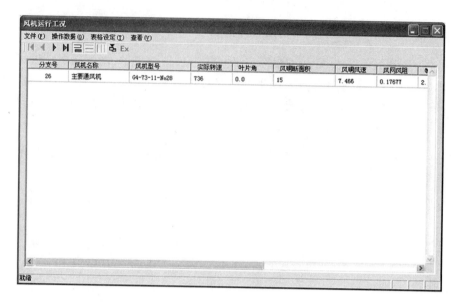

图 6-14 风机运行工况输出对话框

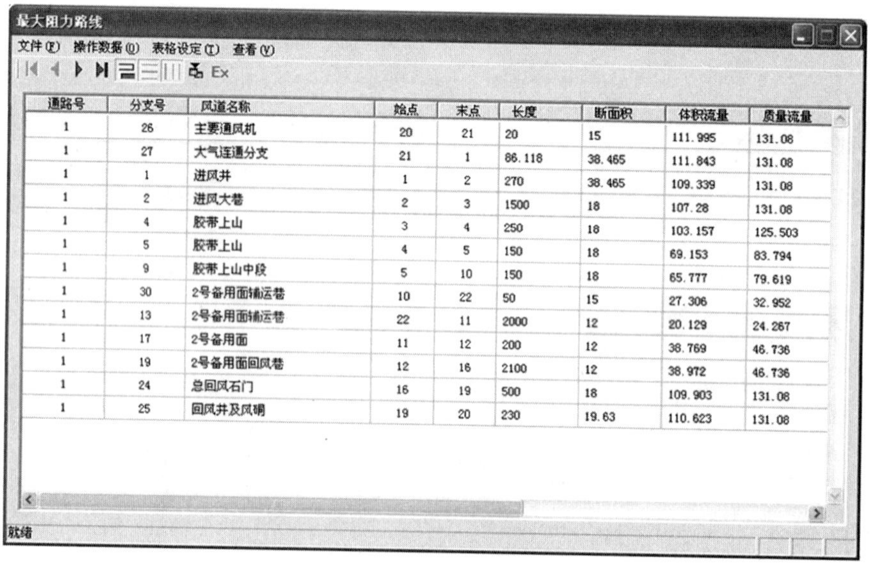

通路号	分支号	风道名称	始点	末点	长度	断面积	体积流量	质量流量
1	26	主要通风机	20	21	20	15	111.995	131.08
1	27	大气连通分支	21	1	86.118	38.465	111.843	131.08
1	1	进风井	1	2	270	38.465	109.339	131.08
1	2	进风大巷	2	3	1500	18	107.28	131.08
1	4	胶带上山	3	4	250	18	103.157	125.503
1	5	胶带上山	4	5	150	18	69.153	83.794
1	9	胶带上山中段	5	10	150	18	65.777	79.619
1	30	2号备用面辅运巷	10	22	50	15	27.306	32.952
1	13	2号备用面辅运巷	22	11	2000	12	20.129	24.267
1	17	2号备用面	11	12	200	12	38.769	46.736
1	19	2号备用面回风巷	12	16	2100	12	38.972	46.736
1	24	总回风石门	16	19	500	18	109.903	131.08
1	25	回风井及风硐	19	20	230	19.63	110.623	131.08

图 6-15 最大阻力路线对话框

6.3 通风网络解算系统

矿井通风网络解算系统将固定风量法、关键路径法和调节方案变换法有机结合在一起，实现通风网络风量调节解算，也可进行自然分风解算或带调节风阻的自然分风解算，并可进行通风机联网工况优化调节的计算。

（1）矿井通风网络解算步骤

矿井通风网络解算程序流程如图 6-16 所示。软件操作具体步骤如下：

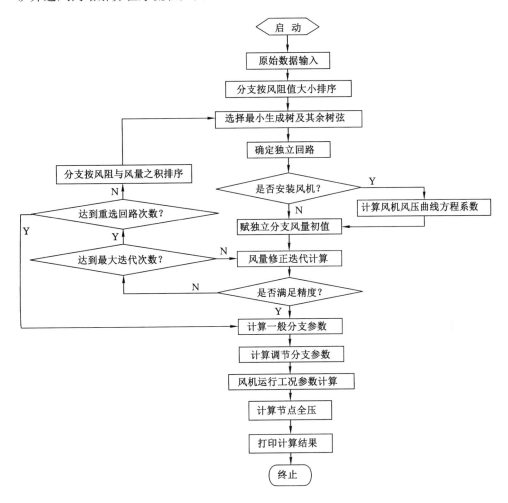

图 6-16 通风网络解算程序流程图

① 启动 MVS 软件,选择[打开数据库]菜单,打开已有的数据库文件 MVS.mdb。

② 连续执行菜单[通风系统图导入]和[通风网络图导入]命令,显示通风系统图和通风网络图。

③ 执行菜单[画面设定]命令,弹出画面设置对话框。按需要设定标注内容,按[确定]按钮,即可按画面设定要求进行显示。

④ 选择[风网分支参数]菜单,设置网络分支类型参数,将预装风机的分支类型设置为风机分支;然后选择[风机安装选择]菜单,弹出风机安装对话框,根据未装风机的风网解算获得的风机风量,风网阻力、风网风阻和自然风压,在风机风压特性曲线表中选择所用的风机编号。如果选择风机工况调节方式为无级调节转速,单选风机优调,再按该对话框工具条中[修改](已有该风机分支记录)或[添加](无该风机分支记录)按钮,若风机可用则填入风机安装表,并自动计算、填入该风机所需的实际转速,若该风机无合理工况,则提示该风机不可行。如果选择风机工况调节方式为调节动轮叶片角,单选风机优调,再按该对话框工具

条中[修改]或[添加]按钮,将自动选择该风机最优动轮叶片安装角对应的风机编号,若该风机在不同叶片安装角下均无合理工况,则提示该风机不可行。如果单选[选定风机回代验算],再按该对话框工具条中[修改]或[添加]按钮,则直接填入所选风机编号及其他输入的风机参数。

⑤ 选择[风网分析]菜单,打开通风网络解算主控参数对话框,见图6-17,选择解算方法为[SCOTT法],计算方式为[风网按需分风解算]或[带风窗自然分风解算],设置迭代次数,迭代精度和重选回路次数。然后单击[确定]按钮,即可进行风网解算。解算结束,显示风网解算成功信息,见图6-18,并选择其中三个复选框,按该对话框中的[确定]按钮,即刻显示网解基本结果表。在结果菜单下可以选择风网解算结果,弹出相应的对话框,再按该对话框工具条中的导出按钮,既可将结果导出到Excel中,以便使用。

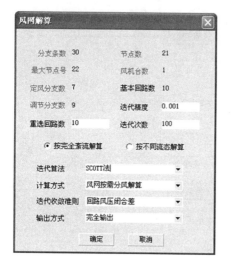

图 6-17　风网解算主控参数设置对话框

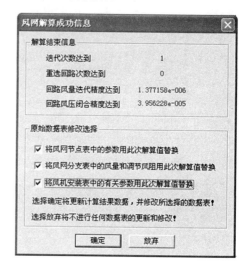

图 6-18　网络解算成功信息对话框

(2) 通风网络分析软件 MVS 的使用说明

① 本软件是根据斯考特—恒斯雷法原理,分支排序采用冒泡排序法,选最小生成树用克鲁斯卡尔算法,形成回路用深度优先搜索法,风机特性曲线拟合采用最小二乘法或拉格朗日插值法,迭代计算采用斯考特—恒斯雷法或牛顿法。

② 软件中最大迭代次数是为防止迭代出现不收敛而设置的安全措施,人为规定。一般可给定 50～100 次(默认值 100 次),重选回路次数给定 8～10 次(默认值 10 次)。当迭代次数达到规定值时,计算自动退出,返回主界面。

③ 计算精度应视求解问题的要求而定。对矿井实际风网解算而言,由于原始数据的精度不高,因此,计算精度太高,没有实际意义,一般质量流量或回路风压闭合差的迭代精度控制在 0.001～0.000 1 为宜,默认值为 0.001。

④ 本软件对通风网络分支编号、节点编号无顺序要求,可以连续也可以不连续。

⑤ 自然风压的处理。本软件以节点的标高和空气密度,自动计算每条分支平均密度和位压差,根据回路分支信息自动计算每个回路的自然风压。

⑥ 初始风量的给定。本软件中余树弦有两类:一类是指定的余树弦,即固定风量分支

(定流分支)和风机所在分支(定流风机分支或风机分支),它们的风量按下述原则给定:固定风量分支的风量设为其需风量;风机分支风量设为风机设计需风量。另一类余树弦是按其阻阻最大原则选出来的,其初始风量可随意给定,如默认为 $10\sim20$ m³/s。其他生成树树枝风量,由节点质量流量平衡定律求得。

⑦ 固定风量分支的数量不宜过多,最多应少于余树弦数与通风机台数之差,且以不破坏风网连通性为原则。因此,与一个节点相关联的所有分支不能全部作为固定风量分支,所有固定风量分支不能形成风网的任何一个割集。

6.4 通风网络解算程序的应用

通风网络解算可应用于解决矿井通风系统设计与管理等方面的计算问题。矿井通风设计的内容,包括拟定矿井通风系统、计算矿井总风量和风量分配、计算矿井通风总阻力、选择矿井主要通风机设备等。矿井通风管理的主要任务是保证生产用风,为井下作业人员创造一个良好的工作环境,因此必须分析和掌握矿井通风系统的工作状况,并根据生产的发展和情况的变化对通风网络风量进行调节,处理生产中出现的各种通风安全问题。通风网络解算的应用为解决矿井通风问题提供了新的分析方法和手段,可以利用通风网络解算软件工具,辅助进行矿井通风设计与管理,使设计与管理工作更加规范化和科学化,计算结果更加符合生产实际。

6.4.1 通风网络及其基础数据的确定

应用通风网络解算方法分析矿井通风系统,必须将矿井通风系统用通风网络进行抽象描述,其分析结果是否正确,主要取决于矿井通风网络结构及其基础数据的准确性。如果矿井通风网络及其基础数据不准确,分析结果将产生较大的误差,甚至产生错误的结论并导致矿井通风设计与管理的错误决策。因此,建立一个能正确反映矿井通风系统的风网模型,即通风网络及其基础数据,就显得非常重要。

(1)通风网络的确定

按 6.1 节绘制的通风网络图应正确反映通风系统风流实际状况。由于任何的简化处理,都将会使通风网络解算产生一定的误差。考虑到现代计算机的运算速度不断提高、内存不断扩大,为用计算机软件解算大规模复杂通风网络成为可能。因此,对通风网络尽量不作简化或少简化,尽可能使通风网络图与通风系统图同构。例如,掘进工作面压入式局部通风机吸风口与掘进工作面回风口相距较远时,应作为一条用风分支绘入通风网络图中;对于漏风量较大的地点,如矿井外部漏风可从风网进风口到风机入口之间连接一条漏风分支,当生产矿井内部存在漏风较大的漏风通道时,也应考虑用漏风分支表示。

按矿井通风系统图绘制的通风网络是一个单向连通图。矿井通风网络解算时,为了满足节点质量流量平衡方程,并考虑到不同井口标高不同时存在位能差,对回路风压平衡方程会产生影响。因此,还需要按 2.1 节中通风网络图绘制方法,将单向连通的通风网络转化为"一源一汇"的强连通图。

(2)分支风阻值的确定

通风网络中各分支风阻值是影响通风网络解算结果的最重要基础数据之一。分支风阻

值 R 的确定方法有两种,一种是根据同类型巷道标准摩擦阻力系数 α、断面积 S、周长 U、巷道长度 L,按公式 $R=\alpha LV/S^3$ 计算得到;另一种是根据矿井通风阻力测定计算获得每一条分支的风阻值。对于新矿井通风系统设计,可以参考有关设计手册给出的或条件类似矿井实测的巷道标准摩擦阻力系数,来计算同类巷道的风阻值。当进行生产矿井通风系统分析时,应采用本矿井近期通风阻力测定所得的风阻值,并收集本矿井主要类型巷道的实际摩擦阻力系数和百米风阻值,对于测定阻力太小或新掘的巷道,可以根据同类井巷实测的摩擦阻力系数来计算其风阻值。对于漏风量较大的漏风通道,应作为漏风分支考虑,其风阻值也应通过实测来确定,如果实测漏风风阻有困难时,可通过实测漏风量,然后按固定风量法处理。

考虑到巷道受矿压作用而变形,其风阻值将随时间发生变化,另外矿井通风网络结构随矿井生产发展也发生变化,《煤矿安全规程》规定:新井投产前必须进行 1 次矿井通风阻力测定,以后每 3 年至少进行 1 次测定,矿井转入新水平生产或改变一翼通风系统后,必须重新进行矿井通风阻力测定。因此,矿井通风网络各分支风阻值应按最新的矿井通风阻力测定数据及时进行修正,为矿井通风系统运行状况分析提供准确的基础数据。

(3)分支空气密度的确定

分支空气密度关系到分支实际的风阻、质量流量、回路自然风压和通风机实际特性曲线的计算,对于通风网络解算结果将产生一定的影响。对于生产矿井,可以利用该矿井最新的通风阻力测定或大气参数传感器监测数据资料,获得通风网络节点的空气密度,进而可用分支始末两点平均空气密度作为分支空气密度;对于新矿井通风设计,由于事先分支空气密度是一个未知参数,故可采用矿井气候参数预测理论和方法计算出通风网络各节点和各分支的空气密度,但这种方法所需数据多、计算复杂。为了简化处理,可以参考条件类似的邻近生产矿井的实测数据适当选取。

当确定了矿井通风网络各节点和各分支的空气密度后,程序可根据输入的各分支始末节点的标高差和空气密度计算出分支的位能差,进而计算出各回路的自然风压,并将其代入风网参与解算,从而使得计算结果更加符合实际。

此外,在通风网络原始数据输入时,分支风阻和通风机特性曲线系数均为标准空气状态(密度为 $1.2\ \mathrm{kg/m^3}$)下的数据,在进行解算时,应根据分支空气密度,将这些数据自动换算为实际空气状态下的风阻值和通风机特性曲线系数,以便获得更加符合实际的解算结果。

(4)矿井通风网络分支风阻测量平差

当对矿井通风网络每条分支都进行了风量和阻力测定,如果所有测量数据完全准确,则该通风网络各节点满足质量流量平衡定律,各基本回路满足风压平衡定律。但由于测量误差不可避免,故实测值不满足质量流量平衡定律和风压平衡定律。

对于矿井通风网络阻力测量来说,粗大误差在测量中就能容易地发现和处理;系统误差主要是仪器误差,可通过测量的仪器校正试验也能事先做出估计和处理;而随机误差在测前不可知,只有在测后进行误差分析时才能做出估计和相应的处理。

在矿井通风系统基本稳定,测量仪器使用正常的条件下,测量数据无粗大误差,只有随机误差。由于随机误差绝大多数是服从正态分布。因此,矿井通风阻力测量的误差可以采用平差的方法进行消除。

矿井通风网络阻力测量的主要参数包括分支的空气密度、风量、阻力和风阻值,其中分支风阻值由风量和阻力值导算出。假设通风阻力和风量测量值均相互独立,可采用间接平差的方法处理测量过程中产生的随机误差。

在分支数为 n,节点数为 m 的矿井风网中,不仅各分支质量流量满足节点质量流量平衡定律,而且各分支阻力满足独立回路风压平衡定律。设实测值向量为 $\boldsymbol{X}=(X_1,X_2,\cdots,X_n)^{\mathrm{T}}$,其平差后的最或是值向量为 $\hat{\boldsymbol{X}}=(\hat{X}_1,\hat{X}_2,\cdots,\hat{X}_n)^{\mathrm{T}}$,其改正值向量为:

$$\Delta\boldsymbol{X}=\hat{\boldsymbol{X}}-\boldsymbol{X}=(\Delta X_1,\Delta X_2,\cdots,\Delta X_n)^{\mathrm{T}}$$

根据通风网络风流流动基本定律,可建立 M 个独立误差方程:

$$\begin{cases} a_{11}\Delta X_1+a_{12}\Delta X_2+\cdots+a_{1n}\Delta X_n=E_1 \\ a_{21}\Delta X_1+a_{22}\Delta X_2+\cdots+a_{2n}\Delta X_n=E_2 \\ \cdots\cdots \\ a_{M1}\Delta X_1+a_{M2}\Delta X_2+\cdots+a_{Mn}\Delta X_n=E_M \end{cases} \tag{6-1}$$

式中 $E=(E_1,E_2,\cdots,E_M)^{\mathrm{T}}$ 为实测不平衡误差向量,则上式的矩阵形式为:

$$\boldsymbol{A}\cdot\Delta\boldsymbol{X}=\boldsymbol{E} \tag{6-2}$$

式中 $\boldsymbol{A}$ 是 $M\times n$ 的系数矩阵:$\boldsymbol{A}=(a_{ij})$,$i=1,2,\cdots,M$;$j=1,2,\cdots,n$。

在上述通风网络测量间接平差通用模型中,如果 $\boldsymbol{A}$ 等于节点基本关联矩阵,实测值为风流的质量流量,则式(6-2)代表节点质量流量不平衡误差方程组,其个数为 $M=m-1$;如果 $\boldsymbol{A}$ 等于基本回路矩阵,实测值为阻力,则公式(6-2)代表基本回路风压不平衡误差方程组,其个数为 $M=n-m+1$。按上述两种风网测量误差方程组进行的平差称为风量平差和阻力平差。

对上述通用模型,采用最小二乘法,引入拉格朗日乘数法向量 $\boldsymbol{K}$,建立目标函数:

$$\varphi=\Delta\boldsymbol{X}^{\mathrm{T}}\boldsymbol{W}_X\Delta\boldsymbol{X}-2\boldsymbol{K}(\boldsymbol{A}\Delta\boldsymbol{X}-\boldsymbol{E})$$

式中 $\boldsymbol{W}_X$ 为测量精度权矩阵,可取测量值的倒数。

求目标函数 φ 取极小值时的改正值向量 $\Delta\boldsymbol{X}$ 为:

$$\Delta\boldsymbol{X}=\boldsymbol{W}_X^{-1}\boldsymbol{A}^{\mathrm{T}}\boldsymbol{K} \tag{6-3}$$

$$\boldsymbol{A}\boldsymbol{W}_X^{-1}\boldsymbol{A}^{\mathrm{T}}\boldsymbol{K}=\boldsymbol{E} \tag{6-4}$$

先求解对称正定方程组(6-4),把其解 $\boldsymbol{K}$ 代入式(6-3),求得 $\Delta\boldsymbol{X}$,然后得实测最或是值向量:

$$\hat{\boldsymbol{X}}=\boldsymbol{X}+\Delta\boldsymbol{X}$$

单位权中误差:

$$\mu_X=\pm\sqrt{\frac{\Delta\boldsymbol{X}^{\mathrm{T}}\boldsymbol{W}_X\Delta\boldsymbol{X}}{M}}$$

根据平差的具体对象和要求,测量精度权矩阵 $\boldsymbol{W}_X$ 可选取风量、阻力、风阻实测值的倒数作为测量精度权矩阵。不同的权矩阵,平差结果是不同的,一般取测量值的倒数。

分支风阻值是通过测量风量和阻力,利用阻力定律间接导算而得。因此风阻测量平差可利用风量平差结果和阻力平差结果,然后由阻力定律导算出风阻测量平差值。

(5) 主要通风机风压特性曲线的确定

在进行新矿井通风设计时,主要通风机风压和效率特性曲线可以使用风机出厂特性曲线,按 6.2 节的方法建立通风机出厂特性数据库,以备通风机优化选型和代入风网解算之用。对于生产矿井,由于主要通风机安装质量、运转磨损、加入了外接扩散器等原因,其实际特性与风机出厂特性有较大的差异,《煤矿安全规程》规定:新安装的主要通风机投入使用前,必须进行1次通风机性能测定,以后每5年至少进行1次性能测定。因此,分析生产矿井通风系统时,不宜再用通风机的出厂特性数据,而应该用近期测定所获得的实际风机特性数据,同样可按6.2节的方法建立在用通风机实际特性曲线数据库,以备通风机代入风网解算之用。

6.4.2　矿井通风系统设计计算

根据拟定的矿井通风系统,绘制通风网络图,确定通风网络结构及其基础参数,按6.2节的方法建立本矿井通风网络基础数据库,其中风网各分支风阻值由巷道摩擦阻力系数、长度、断面积和周长计算而得,将矿井独立用风地点中的一个设为一般分支,其余均设为定流分支,将矿井外部漏风分支也设为定流分支,其风量设为外部漏风量,将安装风机分支(风阻值取零)设为定流风机分支,其风量设为该风机设计排风量,然后采用5.2节的固定风量法,对矿井通风容易和困难两时期的通风网络分别进行按需分风解算,获得风网各分支风量和摩擦阻力,然后利用5.3节的关键路径法,可获得矿井最大通风阻力路线的摩擦阻力和自然风压计算值,由摩擦阻力再附加一定比例的局部阻力得到矿井风网总阻力,再考虑风硐阻力,获得通风容易和困难两时期的风网设计工况参数(风网设计风量和阻力值)。最后,根据两时期风网设计工况参数和自然风压值,按3.5节进行主要通风机的优化选型,可在风机特性数据库中找出一台最佳风机,并得出该风机的实际工况点参数。

6.4.3　生产矿井风量调节的计算

随着矿井生产的不断发展,矿井通风网络中各分支的风阻值、瓦斯涌出量等都会不断地变化。这将引起井下各分支用风地点实际风量和风压的变化。为了保证各用风地点的需风量,必须经常对矿井通风网络中各分支的风量进行调节,以确保安全生产。

矿井风量调节分为全矿总风量调节和局部风量调节两类。全矿总风量调节通常是通过调节风机叶片安装角、转速等方法,使矿井总风量增加或减少。

生产矿井的局部风量调节往往是在某些用风地点的风量不满足要求时进行。因此,应首先分析造成风量不足的原因,如瓦斯涌出量增加、某些分支风阻变化、风网结构变化等。如果某用风地点风量不足是由于风网结构或分支风阻变化造成的,应该首先将变化了的数据测算出来,然后采用固定风量法、关键路径法和调节方案变换法相结合的方法,进行风网风量调节解算分析,确定有效的调节方案。如果需对风机进行调节,可按第3章风机优调的方法确定风机最佳叶片安装角或最优转速,带入风网中进行一次自然分风解算,以检查风机的实际工况点和风网的实际工况是否合理可行。

最后,对计算结果进行分析,考虑各调节参数能否实现、调节后各用风地点的风量能否满足要求、风机工况点是否合理等等。如果不可行,则应重新进行风网解算。

6.4.4　生产矿井通风状况预测

矿井通风状况随着生产的进行不断发生变化。例如,一条新巷道的贯通改变了原风网的结构,使得风网中的风流重新分配。这样,原有的各用风地点的风量都会发生变化。如果等该风网掘进贯通后再制定和采取措施,就可能影响生产。因此,可以用通风网络解算程序提前进行预测计算,了解可能出现的情况,并提前制定或采取相应的措施。这种计算,只需按 6.1 节中绘制分支的方法在原风网中,加入这条新贯通分支及其关联节点,并输入相应参数,再进行自然分风解算即可。同样,一个工作面采完后封闭,可按 6.1 节中删除分支和节点的方法,从原风网中删除该工作面系统的分支及其无用节点,再进行风网自然分风解算。

此外,一个工作面刚投产时,工作面运输巷与回风巷的长度和风阻都很大,随着工作面推进,长度不断缩短,风阻逐渐减小,这种变化对风网风量分配状况的影响,也可事先用风网解算的方法进行预测。

通风状况的预测,除了了解情况,提前采取措施以外,还可为风量调节或通风系统改造提供依据。

6.4.5　通风网络解算及风量调节程序应用例题

[**例 6-1**]　某矿井中央边界抽出式通风系统如图 6-19 所示,矿井用风地点有一个生产工作面(分支 18,目前该工作面距离停采线 70 m)、一个备用工作面(分支 17)、两个掘进工作面(分支 7、8)、一个采区变电所(分支 10)、一个采区绞车房(分支 20)、两条其他独立用风巷道(分支 3、29)。其需风量分别为:生产工作面 35 m³/s、备用工作面 17.5 m³/s、每个掘进工作面 17.25 m³/s、采区变电所 4.7 m³/s、采区绞车房 6 m³/s、轨道上山下部车场 5 m³/s、轨道上山中部车场 4 m³/s,矿井外部漏风量为 5 m³/s,矿井主要通风机排风量为 115.132 m³/s。矿井主要通风机型号为 G4-73-11-No28,当转速为 730 r/min、空气密度为 1.2 kg/m³ 时,风机风压特性方程为 $h = 1\ 069.02 + 63.229q - 0.455\ 6q^2$,风机效率特性方程为 $\eta = -31.824 + 2.513\ 3q - 0.014\ 4q^2$。试对该矿井通风网络进行给定通风机的按需分风解算。

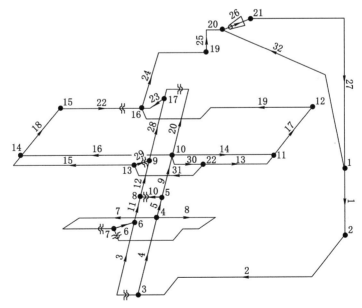

图 6-19　某矿井通风系统网络图

解:首先按 6.1 节的方法,将矿井通风系统图导入,然后绘制矿井通风网络的节点和分支,输入的矿井通风网络节点参数见表 6-1、分支参数见表 6-2。其中分支 25 为风井与风硐分支,分支 26 为安装风机分支(风阻值为零),分支 27 为总大气连通分支(风阻值为零),分支 32 为外部漏风分支。

表 6-1   **例 6-1 通风网络节点输入参数**

节点号	高程 /m	空气密度 /(kg/m³)	节点类型	节点号	高程 /m	空气密度 /(kg/m³)	节点类型
1	30	1.172	总进风口	12	−180	1.204	一般节点
2	−310	1.224	一般节点	13	−200	1.208	一般节点
3	−300	1.219	一般节点	14	−200	1.206	一般节点
4	−250	1.212	一般节点	15	−180	1.208	一般节点
5	−240	1.211	一般节点	16	−190	1.195	一般节点
6	−250	1.199	一般节点	17	−180	1.194	一般节点
7	−245	1.199	一般节点	19	−150	1.189	一般节点
8	−240	1.197	一般节点	20	30	1.17	风硐节点
9	−200	1.194	一般节点	21	30	1.172	总出风口
10	−200	1.207	一般节点	22	−200	1.207	一般节点
11	−200	1.205	一般节点				

表 6-2   **例 6-1 通风网络分支输入参数**

分支号	始点	末点	标态风阻 /(N·s²/m⁸)	初始风量 /(m³/s)	空气密度 /(kg/m³)	断面积 /m²	分支类别	调节类别
1	1	2	0.003 334	10	1.199	38.47	一般分支	不可调节
2	2	3	0.039 506	10	1.222	18	一般分支	不可调节
3	3	6	0.017 9	5	1.212	15	定流分支	可增阻
4	3	4	0.014 66	10	1.217	18	一般分支	不可调节
5	4	5	0.008 796	10	1.212	18	一般分支	不可调节
6	7	6	0.009 456	10	1.198	13	一般分支	不可调节
7	4	7	0.238 667	17.25	1.207	15	定流分支	可增阻
8	4	7	0.277 511	17.25	1.211	15	定流分支	可增阻
9	5	10	0.008 796	10	1.21	18	一般分支	不可调节
10	5	8	0.013 469	4.7	1.21	12	定流分支	可增阻
11	6	8	0.010 407	10	1.198	15	一般分支	不可调节
12	8	9	0.010 407	10	1.197	15	一般分支	不可调节
13	22	11	0.403 935	10	1.206	12	一般分支	不可调节
14	10	11	0.484 722	10	1.208	12	一般分支	不可调节
15	13	14	0.020 197	10	1.207	12	一般分支	不可调节
16	10	14	0.024 236	10	1.206	12	一般分支	不可调节
17	11	12	0.083 391	10	1.206	12	一般分支	不可调节
18	14	15	0.083 391	10	1.208	12	一般分支	不可调节

分支号	始点	末点	标态风阻 /(N·s²/m⁸)	初始风量 /(m³/s)	空气密度 /(kg/m³)	断面积 /m²	分支类别	调节类别
19	12	16	0.424 132	10	1.199	12	一般分支	可增阻
20	10	17	0.064 753	6	1.206	15	定流分支	可增阻
22	15	16	0.020 197	35.031	1.207	12	定流分支	可增阻
23	17	16	0.009 456	10	1.193	13	一般分支	不可调节
24	16	19	0.027 932	10	1.193	18	一般分支	不可调节
25	19	20	0.016 687	10	1.185	19.63	一般分支	不可调节
26	20	21	0	115.132	1.17	15	定流风机分支	可增压
27	21	1	0	10	1.172	38.47	总大气连通分支	不可调节
28	9	17	0.020 813	10	1.194	15	一般分支	不可调节
29	13	9	0.009 92	4	1.208	13	定流分支	可增阻
30	10	22	0.005 781	10	1.207	15	一般分支	不可调节
31	22	13	0.008 61	10	1.207	15	一般分支	不可调节
32	1	20	0	5	1.171	10	定流分支	可增阻

设置通风网络分支参数表中的分支类别和固定风量。除将用风分支 17 设为一般分支外,其余用风地点和外部漏风分支都设为定流分支(即固定风量分支),并将安装风机的分支设为定流风机分支,如表 6-2 中的分支类别栏所示。分支迭代初始风量除了定流风机分支和定流分支为实际需配风量外,其他一般分支的初始风量统一设为 10 m³/s,如表 6-2 中初始风量栏所示。然后设置分支是否可调节如表 6-2 中调节类别栏所示。

执行[风网分析]菜单下的[通风网络解算]菜单命令,弹出[风网解算]对话框,选择迭代算法为[SCOTT 法](斯考特—恒斯雷法),计算方式为[风网按需分风解算],迭代收敛准则为[回路风压闭合差],其他可均为默认值,点击[确定]按钮,则采用固定风量法,对通风网络进行给定风机排风量下的按需分风解算,解算结束,得到收敛解,弹出对话框,选择并确定将本次风量调节计算结果回写到风网分支参数表、风网节点参数表和风机安装选择表中,其结果见表 6-3 至表 6-5 所示。

表 6-3　　　　　　　　　　　　　　例 6-1 风网按需分风解算基本结果

分支号	始点	末点	断面积 /m²	实际风阻 /(N·s²/m⁸)	阻力 /Pa	体积流量 /(m³/s)	质量流量 /(kg/s)	风速 /(m/s)	调节风压 /Pa
1	1	2	38.47	0.003 331	38.504	107.518	128.897	2.795	0
2	2	3	18	0.040 225	447.662	105.493	128.897	5.861	0
3	3	6	15	0.018 086	0.452	5	6.062	0.333	313.902
4	3	4	18	0.014 863	151.51	100.964	122.835	5.609	0
5	4	5	18	0.008 882	39.813	66.951	81.126	3.72	0
6	7	6	13	0.009 442	11.44	34.807	41.709	2.677	0

分支号	始点	末点	断面积/m²	实际风阻/(N·s²/m⁸)	阻力/Pa	体积流量/(m³/s)	质量流量/(kg/s)	风速/(m/s)	调节风压/Pa
7	4	7	15	0.240 051	71.43	17.25	20.82	1.15	77.509
8	4	7	15	0.280 039	83.329	17.25	20.889	1.15	65.415
9	5	10	18	0.008 872	34.462	62.323	75.438	3.462	0
10	5	8	12	0.013 584	0.3	4.7	5.688	0.392	135.877
11	6	8	15	0.010 391	16.518	39.871	47.771	2.658	0
12	8	9	15	0.010 378	20.713	44.676	53.459	2.978	0
13	22	11	12	0.405 814	31.964	8.875	10.7	0.74	0
14	10	11	12	0.488 1	36.133	8.604	10.397	0.717	0
15	13	14	12	0.020 313	3.93	13.909	16.787	1.159	0
16	10	14	12	0.024 367	10.877	21.128	25.491	1.761	0
17	11	12	12	0.083 773	25.656	17.5	21.096	1.458	0
18	14	15	12	0.083 942	102.829	35	42.278	2.917	0
19	12	16	12	0.423 853	131.17	17.592	21.096	1.466	0
20	10	17	15	0.065 052	2.342	6	7.233	0.4	161.683
22	15	16	12	0.020 312	24.927	35.031	42.278	2.919	54.6
23	17	16	13	0.009 404	28.35	54.907	65.523	4.224	0
24	16	19	18	0.027 762	324.249	108.072	128.897	6.004	0
25	19	20	19.63	0.016 477	194.98	108.78	128.897	5.542	0
26	20	21	15	0	0	115.132	134.752	7.675	−1415.225
27	21	1	38.47	0	0	114.976	134.752	2.989	0
28	9	17	15	0.020 702	49.373	48.836	58.29	3.256	0
29	13	9	13	0.009 984	0.16	4	4.831	0.308	109.892
30	10	22	15	0.005 814	4.169	26.78	32.318	1.785	0
31	22	13	15	0.008 661	2.778	17.908	21.618	1.194	0
32	1	20	10	0	0	5	5.855	0.5	1415.225

表 6-4   例 6-1 调节分支结果

分支号	始点	末点	实际风阻/(N·s²/m⁸)	阻力/Pa	体积流量/(m³/s)	调节风压/Pa	调节风阻/(N·s²/m⁸)	风窗面积/m²
3	3	6	0.018 086	0.452	5	313.902	12.556 074	0.333
7	4	7	0.240 051	71.43	17.25	77.509	0.260 48	2.126
8	4	7	0.280 039	83.329	17.25	65.415	0.219 838	2.299
10	5	8	0.013 584	0.3	4.7	135.877	6.151 077	0.47
20	10	17	0.065 052	2.342	6	161.683	4.491 187	0.55
22	15	16	0.020 312	24.927	35.031	54.6	0.044 492	4.335

续表 6-4

分支号	始点	末点	实际风阻 /(N·s²/m⁸)	阻力 /Pa	体积流量 /(m³/s)	调节风压 /Pa	调节风阻 /(N·s²/m⁸)	风窗面积 /m²
26	20	21	0	0	115.132	−1 415.225	0	0
29	13	9	0.009 984	0.16	4	109.892	6.868 269	0.446
32	1	20	0	0	5	1 415.225	56.608 99	0.155

表 6-5　　　　　　　　　　例 6-1 风机工况预调参数计算结果

分支号	风机名称	风网风阻 /(N·s²/m⁸)	等积孔 /m²	体积流量 /(m³/s)	质量流量 /(kg/s)	风机风压 /Pa	自然风压 /Pa
26	主要通风机	0.107 438	3.63	115.132	134.752	1 415.225	8.916

根据上述给定风机排风量下的通风网络按需分风解算结果,其中外部漏风分支 32 是按固定风量 5 m³/s 反算漏风实际风阻值为 56.608 99 N·s²/m⁸(标态值为 58.010 9 N·s²/m⁸),打开[网络分支参数]对话框,将安装风机的分支 26 的分支类别由定流风机分支改为风机分支,然后,打开[风机安装选择]对话框,选择安装现有风机 G4-73-11-No28 型,风机工况调节方式选择[无级调节转速],单选[风机优调],选择该对话框工具栏中的[修改]按钮,则根据额定转速 730 r/min,自动计算风机优调的实际转速为 663 r/min,并填入保存到风机安装表中。

重新执行[通风网络解算]命令,弹出[风网解算]对话框,选择[带风窗自然分风解算]的计算方式,迭代算法选择[SCOTT 法],其他为默认值,点击[确定],即可对该通风网络进行实际风机转速(663 r/min)下的带风窗自然分风解算,得到收敛解,计算结果见表 6-6 至表 6-8。

表 6-6　　　　　　　　例 6-1 通风机联网带风窗自然分风解算基本结果

分支号	始点	末点	断面积 /m²	实际风阻 /(N·s²/m⁸)	阻力 /Pa	体积流量 /(m³/s)	质量流量 /(kg/s)	风速 /(m/s)	调节风压 /Pa
1	1	2	38.47	0.003 331	38.534	107.559	128.946	2.796	0
2	2	3	18	0.040 225	448.004	105.534	128.946	5.863	0
3	3	6	15	0.018 086	0.452	5.002	6.065	0.333	314.136
4	3	4	18	0.014 863	151.626	101.003	122.882	5.611	0
5	4	5	18	0.008 882	39.844	66.977	81.157	3.721	0
6	7	6	13	0.009 442	11.448	34.82	41.724	2.678	0
7	4	7	15	0.240 051	71.484	17.256	20.828	1.15	77.567
8	4	7	15	0.280 039	83.391	17.256	20.896	1.15	65.464
9	5	10	18	0.008 872	34.489	62.347	75.467	3.464	0
10	5	8	12	0.013 584	0.3	4.702	5.69	0.392	135.978
11	6	8	15	0.010 391	16.531	39.886	47.789	2.659	0
12	8	9	15	0.010 378	20.728	44.692	53.479	2.979	0
13	22	11	12	0.405 814	31.989	8.878	10.704	0.74	0

分支号	始点	末点	断面积/m²	实际风阻/(N·s²/m⁸)	阻力/Pa	体积流量/(m³/s)	质量流量/(kg/s)	风速/(m/s)	调节风压/Pa
14	10	11	12	0.488 1	36.161	8.607	10.401	0.717	0
15	13	14	12	0.020 313	3.933	13.915	16.793	1.16	0
16	10	14	12	0.024 367	10.885	21.136	25.5	1.761	0
17	11	12	12	0.083 773	25.675	17.507	21.104	1.459	0
18	14	15	12	0.083 942	102.908	35.013	42.294	2.918	0
19	12	16	12	0.423 853	131.271	17.599	21.104	1.467	0
20	10	17	15	0.065 053	2.344	6.002	7.236	0.4	161.808
22	15	16	12	0.020 312	24.946	35.044	42.294	2.92	54.642
23	17	13	13	0.009 404	28.371	54.928	65.548	4.225	0
24	16	19	18	0.027 762	324.496	108.114	128.946	6.006	0
25	19	20	19.63	0.016 477	195.129	108.822	128.946	5.544	0
26	20	21	15	0	0	115.176	134.804	7.678	−1 416.313
27	21	1	38.47	0	0	115.02	134.804	2.99	0
28	9	17	15	0.020 702	49.41	48.854	58.312	3.257	0
29	13	9	13	0.009 984	0.16	4.002	4.833	0.308	109.977
30	10	22	15	0.005 814	4.173	26.791	32.33	1.786	0
31	22	13	15	0.008 661	2.78	17.915	21.626	1.194	0
32	1	20	10	0	0	5.002	5.857	0.5	1 416.313

表 6-7   例 6-1 最大阻力路线计算结果

分支号	始点	末点	实际风阻/(N·s²/m⁸)	风量/(m³/s)	阻力/Pa	位压差/Pa
26	20	21	0	115.176	0	0
27	21	1	0	115.020	0	0
1	1	2	0.003 331	107.559	38.534	3 998.612
2	2	3	0.040 225	105.534	448.004	−119.864
4	3	4	0.014 863	101.003	151.626	−596.75
5	4	5	0.008 882	66.977	39.844	−118.87
9	5	10	0.008 872	62.347	34.489	−474.974
30	10	22	0.005 814	26.791	4.173	0
13	22	11	0.405 814	8.878	31.989	0
17	11	12	0.083 773	17.507	25.675	−236.519
19	12	16	0.423 853	17.599	131.271	117.643
24	16	19	0.027 762	108.114	324.496	−468.013
25	19	20	0.016 477	108.822	195.129	−2 092.349
合计					1 425.23	8.916

表 6-8　　　　　　　　　　　例 6-1 风机运行工况结果

分支号	风机型号	实际转速 /(r/min)	风网风阻 /(N·s²/m⁸)	等积孔 /m²	体积流量 /(m³/s)	风机风压 /Pa	风机效率 /%	风机功率 /kW	自然风压 /Pa
26	G4-73-11-No28	663	0.107 438	3.63	115.176	1 416.313	55.376	294.576	8.916

由表 6-8 可知,当通风机转速调节到 663 r/min 时,风机的排风量为 115.176 m³/s,风机风压为 1 416.313 Pa,自然风压为 8.916 Pa,风机效率偏低为 55.376%,风机功率消耗为 294.576 kW。此时,通风网络各分支风量和风速符合要求,通风网络风量调节实现了全增阻调节,矿井通风阻力为 1 425.23 Pa,矿井总风阻为 0.107 438 N·s²/m⁸,等积孔为 3.63 m²,通风较容易。

[例 6-2]　在上例 6-1 中,如果现在采煤工作面分支 18 由距离停采线 70 m 位置推进至停采线,其需风量由 35 m³/s 降至 17.5 m³/s,分支 15、16、22 的标态风阻分别由 0.020 197 N·s²/m⁸,0.024 236 N·s²/m⁸ 和 0.020 197 N·s²/m⁸ 减至 0.006 059 N·s²/m⁸,0.007 271 N·s²/m⁸ 和 0.006 059 N·s²/m⁸,而备用工作面分支 17 开始生产,其需风量由 17.5 m³/s 增至 35 m³/s。外部漏风标态风阻为 58.010 9 N·s²/m⁸。此时需要对矿井通风网络风量重新进行调节计算。

解:根据所述通风网络参数变化情况,启动[修改分支]命令,选择分支 15、16 和 22,修改其标态风阻;选择分支 18,修改该分支的需风量为 17.5 m³/s;选择分支 26,将该分支类别修改为定流风机分支,考虑矿井外部漏风量可能有所增加,矿井总风量变为 116.025 m³/s。启动[通风网络解算]命令,计算方式选择[风网按需分风解算],迭代收敛准则选[回路风压闭合差],其他设为默认值,点击[确定]按钮,即可进行通风网络解算,得到收敛解,将本次风量调节计算结果回写风网分支参数表、风网节点参数表和风机安装选择表。然后,将分支 26 重新定义为风机分支,再启动[风机安装选择]对话框,单选[风机优调],执行[修改]命令,可自动获得风机实际转速为 712 r/min。最后,再启动[通风网络解算]命令,计算方式选择[带风窗自然分风解算],其他设置与前一次计算相同,点击[确定]按钮,进行通风机联网带风窗自然分风解算,得到的通风机实际工况点参数见表 6-9。此时,通风网络带风窗自然分风解算基本结果见表 6-10,调节分支结果见表 6-11,最大阻力路线计算结果见表 6-12。

表 6-9　　　　　　　　　例 6-2 风机实际工况点参数计算结果

分支号	风机型号	实际转速 /(r/min)	风网风阻 /(N·s²/m⁸)	等积孔 /m²	体积流量 /(m³/s)	风机风压 /Pa	风机效率 /%	风机功率 /kW	自然风压 /Pa
26	G4-73-11-No28	712	0.148 197	3.09	116.06	1 987.278	63.398	363.803	8.916

表 6-10　　　　　　　例 6-2 通风机联网带风窗自然分风解算基本结果

分支号	始点	末点	断面积 /m²	实际风阻 /(N·s²/m⁸)	阻力 /Pa	体积流量 /(m³/s)	质量流量 /(kg/s)	风速 /(m/s)	调节风压 /Pa
1	1	2	38.47	0.003 331	38.506	107.52	128.899	2.795	0
2	2	3	18	0.040 225	447.676	105.495	128.899	5.861	0

分支号	始点	末点	断面积/m²	实际风阻/(N·s²/m⁸)	阻力/Pa	体积流量/(m³/s)	质量流量/(kg/s)	风速/(m/s)	调节风压/Pa
3	3	6	15	0.018 082	0.452	5.001	6.064	0.333	885.855
4	3	4	18	0.014 863	151.511	100.965	122.835	5.609	0
5	4	5	18	0.008 882	39.801	66.941	81.114	3.719	0
6	7	6	13	0.009 442	11.447	34.818	41.721	2.678	0
7	4	7	15	0.240 051	71.472	17.255	20.826	1.15	649.412
8	4	7	15	0.280 039	83.379	17.255	20.895	1.15	637.311
9	5	10	18	0.008 872	34.45	62.312	75.424	3.462	0
10	5	8	12	0.013 584	0.3	4.701	5.69	0.392	707.851
11	6	8	15	0.010 391	16.528	39.883	47.785	2.659	0
12	8	9	15	0.010 378	20.725	44.689	53.475	2.979	0
13	22	11	12	0.405 814	134.603	18.212	21.956	1.518	0
14	10	11	12	0.488 1	137.142	16.762	20.255	1.397	0
15	13	14	12	0.006 094	0.01	1.302	1.571	0.108	0
16	10	14	12	0.007 31	2.592	18.828	22.716	1.569	0
17	11	12	12	0.083 773	102.713	35.016	42.211	2.918	0
18	14	15	12	0.083 942	25.723	17.505	21.145	1.459	0
19	12	16	12	0.423 853	525.148	35.199	42.211	2.933	0
20	10	17	15	0.065 052	2.343	6.002	7.235	0.4	733.709
22	15	16	12	0.006 094	1.871	17.521	21.145	1.46	735.093
23	17	16	13	0.009 404	28.367	54.923	65.543	4.225	0
24	16	19	18	0.027 762	324.259	108.074	128.899	6.004	0
25	19	20	19.63	0.016 477	194.987	108.782	128.899	5.542	
26	20	21	15	0	0	116.06	135.837	7.737	−1 987.278
27	21	1	38.47	0	0	115.902	135.837	3.013	0
28	9	17	15	0.020 702	49.402	48.851	58.307	3.257	0
29	13	9	13	0.009 983	0.16	4.001	4.832	0.308	686.236
30	10	22	15	0.005 814	2.539	20.897	25.218	1.393	0
31	22	13	15	0.008 661	0.063	2.702	3.261	0.18	0
32	1	20	10	0	0	5.925	6.938	0.592	1 987.277

表 6-11　　　　　　　　　　　　例 6-2 调节分支结果

分支号	始点	末点	实际风阻/(N·s²/m⁸)	阻力/Pa	体积流量/(m³/s)	调节风压/Pa	调节风阻/(N·s²/m⁸)	风窗面积/m²
3	3	6	0.018 082	0.452	5.001	885.855	35.413 185	0.2
7	4	7	0.240 051	71.472	17.255	649.412	2.181 144	0.782

续表 6-11

分支号	始点	末点	实际风阻 /(N·s²/m⁸)	阻力 /Pa	体积流量 /(m³/s)	调节风压 /Pa	调节风阻 /(N·s²/m⁸)	风窗面积 /m²
8	4	7	0.280 039	83.379	17.255	637.311	2.140 501	0.79
10	5	8	0.013 584	0.3	4.701	707.851	32.024 925	0.209
20	10	17	0.065 052	2.343	6.002	733.709	20.368 589	0.262
22	15	16	0.006 094	1.871	17.521	735.093	2.394 617	0.741
26	20	21	0	0	116.06	−1 987.278	0	0
29	13	9	0.009 983	0.16	4.001	686.236	42.864 101	0.181
32	1	20	0	0	5.925	1 987.277	56.608 967	0.155

表 6-12 　　　　　　　　　 例 6-2 最大阻力路线计算结果

分支号	始点	末点	实际风阻 /(N·s²/m⁸)	风量 /(m³/s)	阻力 /Pa	位压差 /Pa
26	20	21	0	116.060	0	0
27	21	1	0	115.902	0	0
1	1	2	0.003 331	107.520	38.506	3 998.612
2	2	3	0.040 225	105.495	447.676	−119.864
4	3	4	0.014 863	100.965	151.511	−596.75
5	4	5	0.008 882	66.941	39.801	−118.87
9	5	10	0.008 872	62.312	34.45	−474.974
30	10	22	0.005 814	20.897	2.539	0
13	22	11	0.405 814	18.212	134.603	0
17	11	12	0.083 773	35.016	102.713	−236.519
19	12	16	0.423 853	35.199	525.148	117.643
24	16	19	0.027 762	108.074	324.259	−468.013
25	19	20	0.016 477	108.782	194.987	−2 092.349
合计					1 996.193	8.916

　　由表 6-9 可知,当通风机转速增加到 712 r/min 时,风机的排风量为 116.06 m³/s,风机风压为 1 987.278 Pa,自然风压为 8.916 Pa,风机效率为 63.398%,风机功率消耗为 363.803 kW。由表 6-10 可以看出,通风网络各分支风量和风速均符合要求,通风网络风量调节也实现了全增阻调节;表 6-11 与表 6-4 相比,相同调节分支的调节风阻值基本有不同程度的增加。表 6-12 与表 6-7 比较,矿井最大阻力路线所经过的分支均相同,矿井通风阻力为 1 996.193 Pa,增加了 570.963 Pa。当矿井总风阻为 0.148 197 N·s²/m⁸,等积孔为 3.09 m²,通风仍较容易。

思考与练习题

6-1 通风网络解算软件一般包括哪几部分？各部分实现什么功能？

6-2 通风网络解算对通风网络模型及其参数有何要求？

6-3 在矿井通风设计中应用通风网络解算方法可以进行哪些工作？

6-4 什么情况下，需要对生产矿井通风状况进行预测？并有何用处？

6-5 什么情况下，需要对生产矿井的风量进行调节解算？

7 矿井通风系统优化

矿井通风系统是由矿井通风网络、主要通风机装置和通风设施组成。矿井通风网络风流结构、主要通风机工作方法、通风设施布置与风流控制的合理性对通风系统的安全可靠性和经济性具有重大的影响。矿井通风网络结构很大程度上取决于矿井开拓开采巷道布置,而矿井通风能力又影响着矿井生产能力。由于矿井通风系统随矿井开采布局和开采条件的变化而变化,因此优化矿井通风系统不仅要做到设计优化而且还要做到运行优化。

7.1 矿井通风系统的构建原则与要求

(1) 矿井通风系统的构建原则

矿井通风系统构建总原则是系统简单、安全可靠、技术经济合理,具体包括以下几点:

① 每个矿井必须有完整的独立通风系统。

② 矿井进风井口必须布置在不受粉尘,灰土,有害气体和高温气体侵入的地方。

③ 进,回风井之间和主要进,回风道之间的每个联络巷中,必须砌筑永久性挡风墙。

④ 每个生产水平和每个采区都必须布置单独的回风道,实行分区通风,将其回风风流直接引入到总回风道或主要回风道中。

⑤ 矿井主要通风机的工作方式一般应采用抽出式通风。在地面有小窑塌陷区或山区回风井分散时,可采用压入式通风。

⑥ 根据矿井开拓系统选择合理的通风系统。

(2) 通风系统的技术要求

① 通风方式合理。矿井、采区和采掘工作面的通风系统必须完善,矿井通风网络结构简单;采用分区独立通风,避免串联通风,抗灾能力强。

② 通风网络风量分配与调节合理,风流稳定,无风流不稳定的角联风路。

③ 矿井有效风量率高,内部和外部漏风小。

④ 通风阻力分布合理,阻力小,满足行业标准《煤矿井工开采通风技术条件》AQ 1028—2006,如表 7-1 所示。

⑤ 通风设施布置合理,数量少。

⑥ 矿井主要通风机运行稳定、可靠、高效经济。对于单风机通风系统,风机风压特性应与通风网络风阻特性相匹配,即风机的工况点处于高效稳定的工作区内;对于多风机对角并联运转通风系统,除了满足单风机的要求外,还要保证公共风路风阻尽量小、并且各风机风压尽可能接近,相互干扰小。

表 7-1 矿井通风系统阻力限值

矿井通风系统风量 /(m³/min)	系统的通风阻力 /Pa	系统的等积孔 /m²	矿井通风系统风量 /(m³/min)	系统的通风阻力 /Pa	系统的等积孔 /m²
<3 000	<1 500	<1.54	5 000~10 000	<2 500	1.98~3.97
3 000~5 000	<2 000	1.33~2.22	10 000~20 000	<2 940	3.66~7.32
			>20 000	<3 920	>6.34

7.2 矿井通风系统常见的问题

矿井从设计、建设、试生产、稳产、衰老直至开采完结要经历一个漫长的演化过程。在生产稳定发展和衰老的各个时期阶段,由于受各种外因和内因的作用,矿井通风系统的结构、特性与工况将发生变化,有时出现矿井通风能力与生产能力不相适应,通风可靠性与有效性降低、通风能耗增加、抗灾能力减弱等情况。

矿井通风系统常见问题如下:

① 矿井瓦斯、地温、自然发火等开采技术条件资料掌握不准确,造成矿井通风系统设计不合理。主要表现为矿井瓦斯涌出、气温升高、自然发火严重,通风能力与生产能力严重失配。

② 矿井生产能力盲目扩大,生产布局不合理,同时生产的采区和工作面数量增加,造成通风巷道增多、通风网络复杂,角联风路和通风设施增多,风量调节复杂,风流稳定性变差,矿井抗灾能力降低。

③ 矿井开采强度的加大,瓦斯涌出量增大,需风量提高,矿井通风断面相对偏小,通风阻力快速升高,主要通风机很快达到满负荷运转,造成通风机服务年限缩短,通风能耗增加,供风量紧张,通风可靠性降低。

④ 矿井通风阻力分布不合理。矿井回风巷道断面偏小,回风区阻力偏高,约占总阻力的 50% 以上,尤其是利用老巷道的改扩建生产矿井甚至达到 70% 以上。

⑤ 多风井复杂通风系统中各风井系统的通风压力和风量不均衡,公用段通风断面不足、风速大、阻力偏高,超过了其中最小风井系统阻力的 30%,造成多风机并联运转相互影响加剧,通风系统的稳定性和可靠性降低。

⑥ 通风设施布置不合理,质量差。使得矿井内部漏风增加,进入用风地点的有效风量减少。由于漏风通道往往途径采空区,故从中携带出的有毒有害气体增大,向采空区供氧增强。

⑦ 矿井主要通风机附属装置设计与施工不合理,风硐和扩散器的空气动力学特性差、局部阻力系数偏高,外部漏风偏大,通风机装置效率偏低。

随着矿井生产的不断发展,有些老矿井面临生产系统和通风系统的改造工作。矿井通风系统改造的原因多种多样,可归类如下:

① 主要通风机通风方法的变化,第一水平为压入式通风,开采延深至下水平改为抽出式;

② 矿井生产能力增加,通风系统不能与之相适应;

③ 由于矿井的扩区、延深引起通风系统的变化；

④ 由于瓦斯、地温出现异常变化，超出原设计值，使得原有通风系统无法满足要求；

⑤ 由于各种原因造成矿井主要通风机能力与矿井通风要求不相匹配等。

7.3 矿井通风系统优化方法

矿井通风系统是一个随矿井开采活动不断变化的复杂动态系统。矿井通风系统优化应包括设计、调整与改造三个方面的优化。

矿井通风系统设计是矿井设计的一个重要组成部分，其设计合理与否对全矿井的安全生产、经济和社会效益产生重要而又深远的影响。矿井通风系统设计不合理往往造成先天不足，给矿井投产后带来严重的后果。因此，必须在充分考虑矿井开采技术条件的基础上，统筹规划、优化设计，使其达到最佳的效果。

矿井通风系统运行调整优化是保障矿井安全生产的一项重要而又基础的日常性管理工作。然而，在矿井生产过程中，由于种种原因，有时造成生产发展超出了原有通风系统的设计能力范围，使矿井安全生产陷入严重的被动境地，此时必须进行矿井通风系统改造，重新使矿井通风系统与生产系统相适应。

矿井通风系统技术改造与新井通风设计相比更为复杂，在进行矿井通风系统改造时，要求改造后的矿井通风系统，必须能大大改善矿井安全生产状况，通风能力要与生产能力相适应，既要充分地利用现有的井巷和通风设备，又要尽可能采用先进的技术和设备；既要考虑到当前的生产需要，又要兼顾长远得到的规划等等。因此，矿井通风系统技术改造工作必须依靠科学技术进步，有目标、有计划、按步骤进行；考虑问题的思路应遵循先挖潜后扩建、先易后难的原则，注重因地制宜、综合治理。

7.3.1 矿井通风系统设计与改造步骤

矿井通风系统设计过程可按下列六个阶段顺序进行：数据的获取、系统的规划、系统的设计、施工和维护以及评价与修正。其中系统的规划和设计是整个设计过程中最重要的环节。

矿井通风系统设计是一项复杂的系统工程。人们在解决复杂问题时，通常不是一次性的考虑问题的全部细节，而是先把问题分解或简化，忽略其中细节，然后从较抽象的层次开始，一层层地深入到其中的细节。这种由粗到细，从全局到局部的解决问题的方法，通称为分层递阶方法。

对于一个动态复杂的矿井通风系统设计，一般可分解为一个矿井通风系统框架子系统和若干个相对独立的采区通风子系统。先求解采区通风系统设计最优解，然后以采区最优解为一个约束条件对矿井通风系统框架进行优化。矿井或采区通风系统优化的基本步骤如图 7-1 所示。

对于改扩建、新水平延伸的矿井通风系统设计，其原理与新矿井设计是基本相同的。只不过，生产矿井改扩建和新水平延伸设计是在已有矿井通风系统的基础上进行的，存在如何充分利用现有系统的问题。由于矿井的地质条件、开拓开采方式、生产发展阶段、通风系统等方面的差异，使各矿井通风系统改造优化的内容、解决问题的途径和形式多种多样。归纳

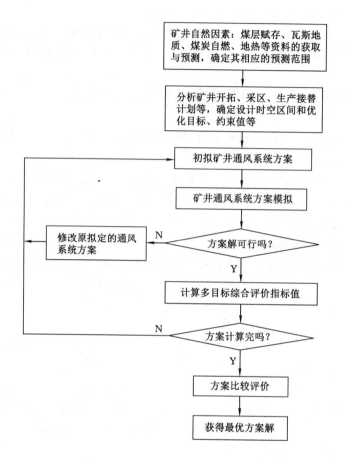

矿井自然因素：煤层赋存、瓦斯地质、煤炭自燃、地热等资料的获取与预测，确定其相应的预测范围

分析矿井开拓、采区、生产接替计划等，确定设计时空区间和优化目标、约束值等

初拟矿井通风系统方案

矿井通风系统方案模拟

方案解可行吗？　N　修改原拟定的通风系统方案

计算多目标综合评价指标值

方案计算完吗？

方案比较评价

获得最优方案解

图 7-1　矿井通风系统优化设计步骤

起来，大体上可按图 7-2 所示的系统调整改造优化过程和步骤进行。

7.3.2　通风系统优化的目标

通风系统优化前，必须根据矿井生产布局及其对通风系统的要求（风量大小、服务范围和时间区间等），确定通风系统优化的目标，使优化后的通风系统与生产能力相适应，技术上先进、合理、可靠，形成一个风量充足风流稳定的通风系统，并具有较强的抗灾能力。同时要根据条件尽可能采用先进技术装备，达到好的技术经济效果，即投资少，工程量小、运行维护费用少、节能效果好。

矿井通风系统优化的具体目标大致有以下几种：

（1）增加风量

由于矿井生产的发展、采掘工作面增多或瓦斯涌出量增大、单产提高、地温增高等要求采掘面供风量增加时，将导致总风量不足，因而需要增加矿井总风量。因生产布局不合理或漏风太多，造成局部地点（采区、采煤工作面）风量不足时，需要进行局部风量调节。

（2）减阻节电

由于井巷断面过小、井巷失修、风路过长等原因造成矿井通风阻力增大，甚至通风机"飞

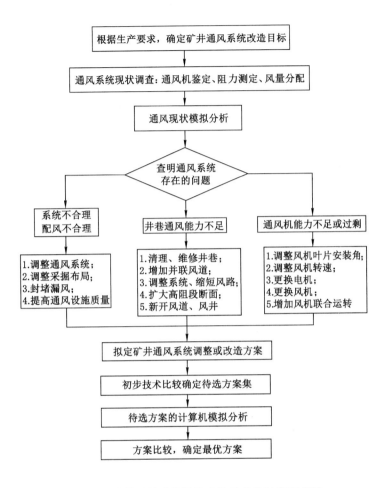

图 7-2　矿井通风系统调整改造的优化过程和步骤

动";或因主要通风机机型陈旧、效率低导致主要通风机耗电多,且能力与生产不适应;或矿井投产初期(特别是大型煤矿)通风能力过大等因素,造成无谓的消耗,要对通风系统进行技术改造,以达到减阻节电的目的。

(3)提高系统稳定性

在由于通风系统不合理、通风网络结构复杂导致井下某些地段风流不稳定,或主要通风机工作不稳定的情况下,需要进行通风系统调整,改善通风网络结构、调整通风机,以提高通风系统的稳定性和安全性。

(4)优选不同时期的通风系统

为了紧密配合生产发展的需要,避免出现通风被动的局面,应根据矿井长远生产规划,事先优选不同时期矿井通风系统,以便让通风系统的调整工作紧密配合生产发展有计划、按步骤进行。

应当指出,矿井通风系统优化并不是为了某个单项目标,而往往是为达到多种目标(如减阻、增风、节电、提高稳定性等)而进行的,只是优化的重点目标不同而已。因此,矿井通风系统优化是一个多目标优化问题。

7.3.3 通风系统现状调查与分析

（1）现状调查

制定优化方案之前,应对通风系统现状进行全面的调查,摸清矿井通风的阻力分布、漏风情况和通风机性能,以及瓦斯、地质、气候条件及开拓布置等方面的情况,找出矿井通风系统中存在的问题和解决的办法,为通风系统优化提供可靠的依据。

通风系统调查的主要内容有以下几个方面:

① 进行主要通风机装置的性能测试,掌握主要通风机的实际性能;检查主要通风机的安装质量,如轴流式通风机风叶的径向间隙,检查叶片、导叶的安装角度以及风硐中风流控制设施的严密程度,查看风硐和扩散器的结构、断面、转弯和扩散器出口风流的速度分布;测定电机的负荷率,为矿井主要通风机的安全经济运行与优化调节提供可靠的依据。

② 对矿井通风系统中最大阻力路线进行测定,了解其阻力分布和高阻力区段,为降低矿井通风阻力提供依据;同时测算出矿井主要巷道的风阻值及其摩擦阻力系数,为通风网路计算机分析提供基础数据。

③ 查明漏风现状。矿井漏风有内部漏风和外部漏风之分。根据全矿井测风资料,分析矿井中可能存在的主要漏风地点。当漏风量较小时,可采用示踪气体定量测漏法;漏风量较大时可使用普通风表测定,要求测风结果具有足够的精度,为制定提高通风有效性提供可靠的依据。

④ 根据瓦斯地质勘探、开拓开采现状和未来发展规划、生产与通风安全监测统计、气候条件等资料,预测待采区的瓦斯涌出量和地温变化,为确定用风地点需风量提供科学准确的依据。

（2）现状分析

在通风系统调查的基础上,应结合改造目标分析研究下列问题。

① 矿井通风能力分析。根据矿井的生产能力安排采掘接替和生产布局,计算采掘工作面的需风量,确定其服务期内通风最困难的时期,绘制该时期的通风网路图,利用现有主要通风机最大能力的性能曲线进行矿井通风网路按需分风解算,分析主要通风机工况是否合理,以及最大阻力路线上用风地点的供风量是否满足需风要求;同时,检查矿井通风系统中各条井巷断面平均风速是否超限;并根据矿井、某一翼和采区的瓦斯涌出量预测值,检验各系统回风流瓦斯是否超限。如果上述三项检验全部通过,则认为利用现有通风系统能够达到矿井生产能力,否则应减少产量或需要进行通风系统改造。

② 矿井通风网络运行状况分析。矿井通风网络是由许多井巷复杂连接而成,由于受矿压作用和使用年久失修的影响,井巷风阻随时间会逐渐增加,通风网络中通风设施的风阻会逐渐下降,漏风逐渐增加。通过矿井通风阻力测定,确定出矿井通风最大阻力路线及其阻力分布,找出高阻力区段及其形成原因。分析矿井通风网络风流状况,找出风流调节不合理、风速超限、风量不足、风流不稳定、漏风较大的地点及其产生原因。

③ 主要通风机装置性能分析。主要通风机安装到矿井后需要配备防爆门、风硐、扩散器、检查门、反风设施等附属装置,由于风机装置使用年久老化或设计施工不合理,其性能将会下降。通过风机装置实际性能的测定和安全状况的检测检验,对主要通风机装置当前性能与出厂时原有性能进行比较分析,找出性能下降和装置漏风的主要原因,以及当前风机工

况点是否满足矿井通风的需要。

7.3.4 通风系统优化方案拟定

根据矿井开采技术条件、生产布局和采掘接替安排,以及通风系统调查的基础资料来拟定优化方案,使确定的通风系统方案具有针对性强、技术先进、安全可靠、经济效益好的特点。

7.3.4.1 通风系统优化方案拟定的原则

① 根据地质条件、技术水平慎重确定改造后的井型,制定长远生产规划,避免改造工程尚未完成,又需进行新的技术改造。

② 合理安排生产布局,优化网络风流结构,提高通风效果。有时矿井总的通风能力是足够的,但由于生产布局不合理而造成通风困难。因此,矿井的通风系统应根据生产布局确定,而一旦通风系统形成后,就应根据矿井的各系统或各采区的通风能力安排生产。

③ 矿井各风井、采区和工作面通风系统应综合考虑、统一规划,使各系统的通风能力得到充分发挥,达到矿井整体通风效果最优。

④ 根据矿井生产布局和通风阻力分布状况,综合考虑改造工程的大小、效果和服务年限,确定对矿井主要进、回风系统、采区和工作面通风系统的改造顺序,提出的具体改造方案顺序为:先考虑调整维修现有通风系统,再依次考虑掘新巷道、凿新风井和更换新通风设备,以保证改造工程量小,效果好,服务年限长。

⑤ 改造中既要充分利用现有通风井巷和通风设备,又要报废旧巷道,淘汰低效能设备,尽量采用先进的技术方法和装备,推动矿井通风新技术的发展。

⑥ 在降低矿井各风井系统通风阻力的同时,尽量使各主要通风机的风压趋于均衡,以提高矿井通风稳定性和增风节能的效果。

⑦ 风量计算力求符合实际。应根据生产矿井的配风经验,合理确定配风系数,计算矿井需风量。

⑧ 正确划定改造后矿井通风容易和困难两个时期,合理确定井巷摩擦阻力系数,计算各时期的矿井通风阻力,为是否更换主要通风机提供可靠的依据。

7.3.4.2 方案的拟订

优选调整和改造方案可按提出方案、比较方案和优选方案三个步骤进行,如图7-1所示。拟订方案是优选方案的基础。拟订方案应从实际出发,并注意采取综合措施,具体措施如下:

(1) 改造通风网络

① 充分利用现有的通风井巷进行降阻。针对通风系统最大阻力线路上的高阻力区段,采取以下措施:恢复可利用的原有井巷,以增加并联风路;调整现有通风系统的进回风线路,以缩短通风流程;扩修巷道以增加通风断面等。同时对非最大阻力路线上的无用多余巷道进行封闭,以简化通风系统。

② 开掘新巷道,改变通风网络结构。根据矿井原有通风网络的结构特点和改造后的采掘布局及其通风要求,适当开掘新巷道,使矿井通风网络结构更加合理,同时降低通风阻力,增大供风量。

③ 开凿新风井,改变矿井通风方式。随着矿井向深远方向发展,生产布局和产量重心

的转移、风路的不断加长，以及瓦斯涌出量和需风量的增加造成通风阻力超高时，有必要在边远采区增开新的风井，以缩短风路。

（2）主要通风机优调与更换

主要通风机工况点分析与优调是矿井通风系统调整的主要措施之一。当矿井通风网络风量分配发生变化，采用增阻调节，使得矿井的通风阻力增大、总风量不足，而主要通风机能力还有提升的空间时，应通过调节矿井主要通风机的特性来提高风机工作风压，使风机工作风量满足矿井总风量的要求。只有当矿井通风阻力符合有关技术标准，但超出了主要通风机最大能力，或者现有主要通风机性能老化、运行低效耗能，应考虑更换新型高效风机，同时对于不合理或不适应的主要通风机附属装置也要做出相应的改造。

（3）调整通风设施布置，提高通风设施质量

根据矿井通风压力和漏风的测定调查，分析漏风与通风设施的关系，合理调整通风设施布置，尽量减少设施数量，并维修现有通风设施，以便减少漏风、防止采空区瓦斯涌出和煤炭自燃，提高矿井通风的有效性和可靠性。

7.3.4.3　编制优化方案的注意事项

① 矿井通风系统的布置是紧密结合开拓布置的。在生产中，由于地质条件和生产部署，常会出现两翼生产不平衡的现象，有时产量集中于某一翼或某一采区，从而造成一翼或一个采区通风能力不足，而另一翼或另几个采区的通风能力过剩，使矿井风量调节能耗增大。为此，在进行矿井生产部署时，要尽量使各翼各采区均衡生产，减少调节量，接近或达到自然分风。当生产部署确定后，必须使改造后的各系统通风能力与生产能力相适应。

② 要充分利用原有生产矿井的通风系统和通风设备，使原有通风系统稍加调整改造后就可以见效，达到投资少、工资短、见效快的目的。

③ 由于矿井产量的波动、采区的更替和地质条件的变化等原因，要求在编制优化方案时，对通风能力应留有一定的余地。一般对中小型低瓦斯矿井，取 $10\% \sim 20\%$ 的备用量，大型瓦斯矿井取 $15\% \sim 20\%$ 备用量，衰老矿井可不考虑其备用量。

7.3.5　矿井通风系统方案模拟分析

在制定了矿井通风系统各种调整或改造方案后，为了综合评价各方案的效果，必须借助通风网络解算进行计算机模拟分析，以便获得各方案运行的各项参数及总体指标参数。计算机模拟分析的流程及步骤如图 7-3 所示。

7.3.6　矿井通风系统方案模糊优选方法

工程中方案优选有两个基本性质，一是模糊性，二是相对性。方案优选的模糊性是指"优"与"劣"是两个模糊概念，即两者没有明确的分界，可以用对于模糊集合"优"与"劣"的隶属度来表示某方案的优劣程度，称方案优属度与劣属度。方案优选的相对性是指方案的优劣程度仅对参加评优的 n 个全体方案组成的方案集而言，与非方案集中的元素（方案）无关。矿井通风系统方案优选也不例外地具有这两个性质。因此，对于该方案优选问题，应采用模糊优选的方法进行求解。

矿井通风系统是由矿井通风网络、通风机和通风设施三者组成的复杂关联体系，矿井通

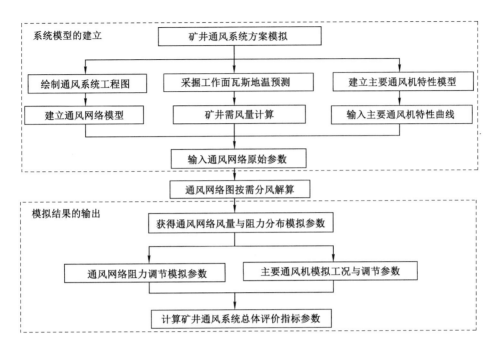

图 7-3　矿井通风系统优化方案计算机模拟分析流程框图

风系统方案优劣应针对这三者从安全可靠性、技术先进性和经济合理性三方面提出相应的评价指标,然后采用多目标模糊优选法求解最优方案。

7.3.6.1　矿井通风系统方案优选指标

根据矿井通风系统方案计算机模拟分析,以及通风工程费和通风能耗等其他情况,考虑矿井通风系统方案在安全性、技术性和经济性三方面达到综合最优,并考虑指标具有明确独立的物理意义和可量化的要求,经筛选建立如图 7-4 所示的通风系统方案优选的一般分层指标体系,即方案优选的层次结构模型。这些指标按其特征值优劣趋向不同可分为越大越好,越小越好和越趋于某一范围值越好三类指标。取值越大越好的指标有安全出口通道数、多风机风压平衡系数(即多风机最小与最大风压比)、矿井等积孔和通风机效率等。取值越小越好的指标有主要角联分支数、风网独立回路数、通风设施数量、通风网络调节能耗比(风网调节能耗增加量与风网总能耗之比)、通风井巷工程费、通风总能耗、矿井通风阻力等。取值越趋于某一范围值越好的指标有矿井风量供需比(取 $1\sim1.2$)和主要通风机能力备用系数(取 $1.2\sim1.6$)。

由于矿井通风系统类型较多,不同类型具有不同的特点,对一些与通风系统类型有关的指标,如主要通风机运转稳定性具有不同的评价内容,对于中央式通风系统是指单台风机工作风压不超过在用风机工作特性曲线上的最高压力的 90%,故将风机工作风压与其可能最高风压之比 d_1 称为单风机运转稳定性系数;对于多风机并联运转的对角式或混合式通风系统,以各单风机运转稳定性系数的平均值 $\overline{d_1}$ 作为一个基本稳定性系数,并且考虑到多风机共同作用的公共风路风阻越小越好,各风机风压越接近越好,故再引入多风机空气动力联系系数 d_2(即公共风路阻力与最小风机风压之比),然后以 $\overline{d_1}+d_2$ 作为多风机并联运转稳定性系数,该指标越小越好。

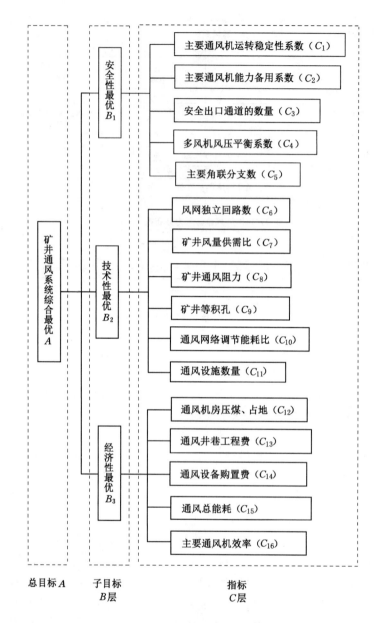

图 7-4 矿井通风系统方案评价指标体系

应当指出,在矿井通风系统实际优化改造中,根据具体的优化改造目标和方案评价内容,可以对上述指标中各方案无差别者予以考虑,使方案优选过程更加简单、合理。

7.3.6.2 可变模糊优选法

可变模糊优选理论是由我国学者陈守煜于 20 世纪 90 年代提出的。其基本原理是用数的相对连续统概念来表示模糊现象、事物、概念的相对隶属度,以动态变化的相对隶属度概念为基础,建立可变模糊聚类及模式识别统一理论与模型。

(1) 可变模糊集合的概念

定义:设论域 U 上的对立模糊概念(事物、现象),以 $\underset{\sim}{A}$ 与 $\underset{\sim}{A^c}$ 表示吸引与排斥性质,对 U

中的任意元素 u，满足 $u \in U$，在考虑连续统区间 $\underset{\sim}{A} \sim [1,0]$ 与 $\underset{\sim}{A^c} \sim [0,1]$ 的任一点上，吸引的相对隶属度 $\mu_{\underset{\sim}{A}}(u)$ 与排斥的相对隶属度 $\mu_{\underset{\sim}{A^c}}$ 之间关系为 $\mu_{\underset{\sim}{A}}(u) + \mu_{\underset{\sim}{A^c}}(u) = 1$，满足 $0 \leqslant \mu_{\underset{\sim}{A}}(u) \leqslant 1, 0 \leqslant \mu_{\underset{\sim}{A^c}}(u) \leqslant 1$；令 $\underset{\sim}{V} = \{(u,\mu) | u \in U, \mu_{\underset{\sim}{A}}(u) + \mu_{\underset{\sim}{A^c}}(u) = 1, \mu \in [0,1]\}$，$\underset{\sim}{V}$ 称为 U 的模糊可变集合。令

$$A_+ = \{u \mid u \in U, \mu_{\underset{\sim}{A}}(u) > \mu_{\underset{\sim}{A^c}}(u)\}$$
$$A_- = \{u \mid u \in U, \mu_{\underset{\sim}{A}}(u) < \mu_{\underset{\sim}{A^c}}(u)\}$$
$$A_0 = \{u \mid u \in U, \mu_{\underset{\sim}{A}}(u) = \mu_{\underset{\sim}{A^c}}(u)\}$$

式中 A_+, A_-, A_0 分别称为模糊可变集合 $\underset{\sim}{V}$ 的吸引（为主）域、排斥（为主）域和渐变式质变界。

（2）可变模糊优选模型

设 $\mathbf{X}$ 是由 n 个方案对应于 m 个评价指标组成 $m \times n$ 的指标特征值矩阵，记为：

$$\mathbf{X} = \begin{bmatrix} x_{11} & x_{12} & \cdots & x_{1n} \\ x_{21} & x_{22} & \cdots & x_{2n} \\ \vdots & \vdots & \ddots & \vdots \\ x_{m1} & x_{m2} & \cdots & x_{mn} \end{bmatrix} = (x_{ij})_{m \times n} \tag{7-1}$$

式中 x_{ij} 为矩阵 $\mathbf{X}$ 中的一个元素，表示第 j 个方案的第 i 个指标特征值。引入相对隶属度消除各指标量纲不同所带来的不可公度性。

第一类指标特征值越大越优，其相对隶属度为：

$$r_{ij} = \frac{x_{ij} - \min\limits_{1 \leqslant j \leqslant n}\{x_{ij}\}}{\max\limits_{1 \leqslant j \leqslant n}\{x_{ij}\} - \min\limits_{1 \leqslant j \leqslant n}\{x_{ij}\}} \tag{7-2}$$

第二类指标特征值越小越优，其相对隶属度为：

$$r_{ij} = \frac{\max\limits_{1 \leqslant j \leqslant n}\{x_{ij}\} - x_{ij}}{\max\limits_{1 \leqslant j \leqslant n}\{x_{ij}\} - \min\limits_{1 \leqslant j \leqslant n}\{x_{ij}\}} \tag{7-3}$$

第三类指标特征值越中越优，其相对隶属度为：

$$r_{ij} = \begin{cases} 1 - \dfrac{a_i - x_{ij}}{\max\{a_i - \min\limits_{1 \leqslant j \leqslant n}(x_{ij}), \max\limits_{1 \leqslant j \leqslant n}(x_{ij}) - b_i\}} & , x_{ij} \leqslant a_i \\ 1 & , a_i \leqslant x_{ij} \leqslant b_i \\ 1 - \dfrac{x_{ij} - b_i}{\max\{a_i - \min\limits_{1 \leqslant j \leqslant n}(x_{ij}), \max\limits_{1 \leqslant j \leqslant n}(x_{ij}) - b_i\}} & , x_{ij} > b_i \end{cases} \tag{7-4}$$

式中，$i = 1, 2, \cdots, m; j = 1, 2, \cdots, n;$ $\max\{\}$ 和 $\min\{\}$ 取集合中元素的最大值、最小值，或按技术标准规范确定的指标上下限值。

通过上述无量纲的规格化处理，可将指标特征值矩阵变换为指标对模糊概念"优等"的相对隶属度矩阵：

$$\mathbf{R} = \begin{bmatrix} r_{11} & r_{12} & \cdots & r_{1n} \\ r_{21} & r_{22} & \cdots & r_{2n} \\ \vdots & \vdots & \ddots & \vdots \\ r_{m1} & r_{m2} & \cdots & r_{mn} \end{bmatrix} \tag{7-5}$$

式中 r_{ij} 表示方案 j 的指标 i 对模糊概念"优等"的相对隶属度,其取值范围为 $0 \leqslant r_{ij} \leqslant 1$。矩阵 $\boldsymbol{R}$ 简称为指标优属度矩阵。

由于从 n 个方案中选优具有比较上的相对性,故可人为构造出相对最优和最劣的方案。

定义 1:设系统有指标优属度矩阵 $\boldsymbol{R} = (r_{ij})_{m \times n}$,若:

$$G = \left(\bigvee_{j=1}^{n} r_{1j}, \bigvee_{j=1}^{n} r_{2j}, \cdots, \bigvee_{j=1}^{n} r_{mj} \right) = (g_1, g_2, \cdots, g_m) \tag{7-6}$$

式中"$\vee$"为模糊数取大运算符,则称 G 为方案集中的相对优等方案,简称优等方案。

定义 2:设系统有指标优属度矩阵 $\boldsymbol{R} = (r_{ij})_{m \times n}$,若:

$$H = \left(\bigwedge_{j=1}^{n} r_{1j}, \bigwedge_{j=1}^{n} r_{2j}, \cdots, \bigwedge_{j=1}^{n} r_{mj} \right) = (h_1, h_2, \cdots, h_m) \tag{7-7}$$

式中"$\wedge$"为模糊数取小运算符,则称 H 为方案集中的相对劣等方案,简称劣等方案。

方案集中的 n 个方案都以一定的隶属度 u_{1j}、u_{2j} 分别隶属于优等方案 G 和劣等方案 H,故有关于优劣的模糊分划矩阵:

$$U_{2 \times n} = \begin{bmatrix} u_{11} & u_{12} & \cdots & u_{1n} \\ u_{21} & u_{22} & \cdots & u_{2n} \end{bmatrix} = \begin{bmatrix} U_1 \\ U_2 \end{bmatrix} \tag{7-8}$$

式中,$0 \leqslant u_{kj} \leqslant 1$ 且 $\sum_{k=1}^{2} u_{kj} = 1, k = 1, 2; j = 1, 2, \cdots, n$。

由于矿井通风系统方案评价指标对方案优劣影响程度不同,故在方案优选时借助指标权重加以考虑,设 m 个评价指标有不同的权重,用权向量表示为:

$$\boldsymbol{W} = (w_1, w_2, \cdots, w_m) \tag{7-9}$$

式中,w_i 为评价指标 i 的权重,并满足条件 $\sum_{i=1}^{m} w_i = 1$。

为求解最优模糊分划矩阵 U,需制定一个合理的优化准则。

定义 3:设系统有指标优属度矩阵 $\boldsymbol{R} = (r_{ij})_{m \times n}$,其向量表达式为 $R_j = (r_{1j}, r_{2j}, \cdots, r_{mj})$,则将第 j 个方案至优等方案的欧氏权距离 $d(R_j, G)$ 称为该方案的异优度,即:

$$d(R_j, G) = \sqrt{\sum_{i=1}^{m} [w_i(r_{ij} - g_i)]^2} \tag{7-10}$$

同理,将第 j 个方案至劣等方案的欧氏权距离 $d(R_j, H)$ 称为该方案的异劣度,即:

$$d(R_j, H) = \sqrt{\sum_{i=1}^{m} (w_i(r_{ij} - h_i))^2} \tag{7-11}$$

由模糊分划矩阵 U 可知,方案集中的每个方案都具有两面性,方案 j 既以隶属度 u_{1j} 隶属于优等方案,又以隶属度 $u_{2j} = 1 - u_{1j}$ 隶属于劣等方案,这样隶属度可看作是一种权重,故将方案 j 的权异优度定义为 $D(R_j, G) = u_{1j} d(R_j, G)$,而相应的权异劣度定义为 $D(R_j, H) = u_{2j} d(R_j, H) = (1 - u_{1j}) d(R_j, H)$。

为了求解模糊分划矩阵 U,设 n 个方案的权异优度平方与权异劣度平方之总和最小为目标函数:

$$\min F(U_1) = \sum_{i=1}^{m} \{ [D(R_j, G)]^2 + [D(R_j, H)]^2 \} \tag{7-12}$$

求 $F(U_1)$ 的最小值,令 $\dfrac{\mathrm{d}F(U_1)}{\mathrm{d}u_{1j}} = 0$,可得出最优模糊分划矩阵元素为:

$$u_{1j} = \left\{ 1 + \left[\frac{d(R_j, G)}{d(R_j, H)} \right]^2 \right\}^{-1} = \left[1 + \frac{\sum\limits_{i=1}^{m} [w_i(r_{ij} - g_i)]^2}{\sum\limits_{i=1}^{m} [w_i(r_{ij} - h_i)]^2} \right]^{-1} \tag{7-13}$$

式(7-13)称为可变模糊优选模型,可用此式计算方案集中每一个方案隶属于优等方案的隶属度,即方案优属度。由 n 个方案的优属度,按隶属度最大原则,可确定其中的最优方案或方案的最优排序。

由式(7-13)可知,可变模糊优选模型的物理意义如下:

① 如果 $d(R_j, G) < d(R_j, H)$,则有 $u_{1j} > 0.5$,其物理意义为方案集中第 j 方案与优等方案间的差异程度小于该方案与劣等方案之间的差异程度,此时第 j 方案的优属度应大于 0.5。反之,如果 $d(R_j, G) > d(R_j, H)$,则有 $u_{1j} < 0.5$,表明当方案 j 的异优度大于异劣度时,其优属度应小于 0.5。如果 $d(R_j, G) = d(R_j, H)$,则有 $u_{1j} = 0.5$,此时优属度 u_{1j} 等于劣属度 u_{2j},即 $u_{1j} = u_{2j} = 0.5$。

② 如果 $d(R_j, G) = 0$,则有 $u_{1j} = 1$,这说明当方案 j 的异优度为零时,方案集中第 j 方案就是优等方案,其优属度应该等于 1。反之,如果 $d(R_j, H) = 0$,则有 $u_{1j} = 0$,这说明当方案 j 异劣度为零时,即为劣等方案,其优属度为零是理所当然的。

由于矿井通风系统方案优选排序问题具有多目标分层结构特点,可以将此问题分解为两个层次由低级向高级逐层计算,如图7-4所示。首先由式(7-13)分别计算最底层的指标关于高一层各子目标的各方案优属度:

$$U_{1, B_i} = (u_{11, B_i}, u_{12, B_i}, \cdots, u_{1n, B_i}) \quad i = 1, 2, 3 \tag{7-14}$$

由式(7-13)构成各子目标对总目标为优的相对隶属度矩阵:

$$\boldsymbol{R}_B = \begin{bmatrix} u_{11, B_1}, u_{12, B_1}, \cdots, u_{1n, B_1} \\ u_{11, B_2}, u_{12, B_2}, \cdots, u_{1n, B_2} \\ u_{11, B_3}, u_{12, B_3}, \cdots, u_{1n, B_3} \end{bmatrix} \tag{7-15}$$

然后再用式(7-13)进行计算,得到关于总目标 A 的各方案优属度向量 $U_{1, A} = (u_{11}, u_{12}, \cdots, u_{1n})$,由此即可确定最优方案。

7.3.7　方案优选指标权重分配的计算

由于矿井通风系统方案评价受许多相互关联和相互制约的定量与定性因素的影响。因此各因素的权重分配可以采用层次分析法(The Analytic Hierarchy Process,以下简称 AHP)进行计算,该方法是把一个复杂问题表示为有序的递阶层次模型结构,通过人们的判断,对各个因素指标的重要性进行排序,从而确定出相对权重系数。

7.3.7.1　层次分析法基本原理

用层次分析法作系统分析,首先要把问题层次化。根据问题的性质和要达到的总目标,将问题分解为不同的组成因素,并按因素间的相互关联影响以及隶属关系将因素按不同层次聚集组合,形成一个多层次的分析结构模型。并最终把系统分析归结为最底层相对于最高层(总目标)的相对重要性或优劣的排序问题。

在排序计算中,每一层次的因素相对上一层次某一因素的单排序问题又可简化为一系列成为对因素的判断比较。为了将比较判断定量化,层次分析法引入 1~9 比率标度法,并写成矩阵形式,即构成所谓的判断矩阵。形成判断矩阵后,即可通过计算判断矩阵的最大特征根及其对应的特征向量,计算出某一层元素相对于上一层某一元素的相对重要性权值。在计算出某一层次相对于上一层各个因素的单排序权值后,用上一层次因素本身的权值的加权综合,即可计算出某层因素对上一层整个层次的相对重要性权值,即层次总排序权值。这样,依次由上而下计算出最底层因素相对于最高层的相对重要性权值或相对优劣次序的排序值。这种将人的思维过程数量化的方法,不仅简化了系统分析的计算,还有助于决策者保持思维过程的一致性。在一般的决策中,决策者不可能给出精确的比较判断,这种判断的不一致性可以由判断矩阵的特征根的变化反映出来,因此引入判断矩阵最大特征根以外的其余特征根的负平均值作为一致性指标,用以检查和保持决策者判断思维过程的一致性。

(1)层次分析模型

一个复杂的无结构问题可分解为组成部分或因素,每个因素称为元素。按照属性的不同把这些因素分组,形成互不相交的层次,且上一层次的元素对相邻的下一层次的全部或某些元素起着支配作用,从而形成按层次自上而下的逐层支配作用,具有这样性质的层次成为递阶层次。在 AHP 中,递阶层次的思想占据了核心地位。

相当多的系统在结构上都有递阶层次形式。例如宇宙可以理解为按星系、银河系、太阳系、地球、地球上的各种物质、分子、原子等这样的顺序形成的递阶层次结构。将一个复杂系统按照递阶层次结构加以分解,对于深入理解系统的功能,理解各组成部分的相互关系和系统的发展演变规律是十分有效的。

在 AHP 应用过程中,是将复杂的问题分解为递阶的层次结构,最高层对最底层起着支配作用,每一层次所含元素的相对重要性排序权值是通过它们之间两两比较导出的,因素的总的重要性排序权值是通过层次的递阶关系得到的。AHP 把递阶层次、分解综合、逻辑判断统一到在这样的结构中后,能使人们的思维趋于条理化,思想决策更为有效。

(2)层次中排序计算

对问题进行分析并建立了相应的层次分析结构模型后,问题即转化为层次中排序计算的问题。通常,采用特征向量法进行排序计算。

假定已知 n 个物体 $A_1, A_2, \cdots, A_n$ 的重量分别为 $W_1, W_2, \cdots, W_n$,由于两两物体重量比较只需相对重量,故假定 $\sum_{i=1}^{m} W_i = 1$。那么这几个物体之间量量比较的相对重量可以用如下矩阵表示:

$$\boldsymbol{A} = \begin{bmatrix} \dfrac{W_1}{W_1} & \dfrac{W_1}{W_2} & \cdots & \dfrac{W_1}{W_n} \\ \dfrac{W_2}{W_1} & \dfrac{W_2}{W_2} & \cdots & \dfrac{W_2}{W_n} \\ \vdots & \vdots & \ddots & \vdots \\ \dfrac{W_n}{W_1} & \dfrac{W_n}{W_2} & \cdots & \dfrac{W_n}{W_n} \end{bmatrix} \tag{7-16}$$

显然,矩阵的元素皆为正数且满足互反性,即:$a_{ij} = 1/a_{ji}, a_{ii} = 1, a_{ij} = a_{ik}/a_{jk}$。用重量向量 $\boldsymbol{W} = [W_1, W_2, \cdots, W_n]^{\mathrm{T}}$ 右乘 $\boldsymbol{A}$ 矩阵,得:

$$AW = \begin{vmatrix} \dfrac{W_1}{W_1} & \dfrac{W_1}{W_2} & \cdots & \dfrac{W_1}{W_n} \\ \dfrac{W_2}{W_1} & \dfrac{W_2}{W_2} & \cdots & \dfrac{W_2}{W_n} \\ \vdots & \vdots & \ddots & \vdots \\ \dfrac{W_n}{W_1} & \dfrac{W_n}{W_2} & \cdots & \dfrac{W_n}{W_n} \end{vmatrix} \begin{pmatrix} W_1 \\ W_2 \\ \vdots \\ W_n \end{pmatrix} = \begin{pmatrix} nW_1 \\ nW_2 \\ \vdots \\ nW_n \end{pmatrix} = nW \qquad (7\text{-}17)$$

从式(7-17)不难看出,以 n 个物体重量为分量的向量 W 是比较判断矩阵 A 的对应于 n 的特征向量。根据矩阵理论可知, n 为上述矩阵 A 唯一的非零的、也是最大特征根,而 W 则为其所对应的特征向量。AHP正是采用两两比较的度量方法,建立比较判断矩阵,并把权值排序计算归结为求这个比较判断矩阵的最大特征根和特征向量。

7.3.7.2 方案优选层次分析模型及其构造

应用层次分析法,将影响矿井通风系统方案优劣的因素按照是否共有某些特性将它们聚集成组,并把它们之间的共同特性看作系统中新的层次中的一些因素;而这些因素本身也按照另外一组特性被组合,形成另外更高层次的准则,直到最终形成单一的最高目标,这样即构成由最高目标层、若干中间准则层和最底指标因素层排列的层次分析模型。矿井通风系统方案优选的层次分析模型如图7-4所示。

7.3.7.3 构造判断矩阵

层次分析法的信息基础主要是人们对于每一层次中各元素相对重要性给出判断,这些判断通过引入 $1\sim9$ 比率标度法,如表7-2所示,形成比较判断矩阵。

表 7-2 两两因素比较相对重要性标度及其含义

标度	含义
1	表示两个因素相比,具有同样的重要性
3	表示两个因素相比,一个因素比另一个因素稍微重要
5	表示两个因素相比,一个因素比另一个因素明显重要
7	表示两个因素相比,一个因素比另一个因素强烈重要
9	表示两个因素相比,一个因素比另一个因素极端重要
2,4,6,8	表示上述两相邻判断的中值

假定 B 层元素中 B_k 与下一层次中元素 $C_1, C_2, \cdots, C_n$ 有联系,则对于 B_k 构造相应的比较判断矩阵一般形式如下:

B_k	C_1	C_2	$\cdots$	C_n
C_1	c_{11}	c_{12}	$\cdots$	c_{1n}
C_2	c_{21}	c_{22}	$\cdots$	c_{2n}
$\cdots$	$\cdots$	$\cdots$	$\cdots$	$\cdots$
C_n	c_{n1}	c_{n2}	$\cdots$	c_{nn}

即判断矩阵 $C=(c_{ij})_{n \times n}$，其具有如下性质：

$$c_{ij} > 0; c_{ij} = 1/c_{ji}; c_{ii} = 1$$

故判断矩阵 C 被称为正的互反矩阵。利用这些特性，我们可以简化比较判断矩阵的构造过程，只用其第一行元素的比较结果，确定出其余行元素。

设任一判断矩阵 $C=\{c_{ij}\}_{n \times n}$，$C$ 的第一行元素，即因素 C_1 分别与 $C_1,C_2,\cdots,C_n$ 相比较，由专家或决策者们给出的相对重要性程度为 $c_{11},c_{12},\cdots,c_{1n}$。又设转换矩阵：$Z=\{z_{ij}\}_{n \times n}$。现假设其中某两元素为 c_{1j} 和 $c_{1k}(j=2,3,\cdots,n-1;k=3,4,\cdots,n;j<k)$，那么，第 j 行第 k 列的元素 c_{jk} 确定的方法与步骤如下：

① 计算转换矩阵 Z 中对应于 c_{1j} 和 c_{1k} 的两个元素：

$$z_{1j} = \begin{cases} c_{1j} & c_{1j} \geqslant 1 \\ 2 - \dfrac{1}{c_{1j}} & c_{1j} < 1 \end{cases} \tag{7-18}$$

$$z_{1k} = \begin{cases} c_{1k} & c_{1k} \geqslant 1 \\ 2 - \dfrac{1}{c_{1k}} & c_{1k} < 1 \end{cases} \tag{7-19}$$

② 计算转换矩阵 Z 的元素 z_{jk}：$z_{jk} = z_{1j} - z_{1k}$。

③ 计算判断矩阵的元素 c_{jk}：

$$c_{jk} = \begin{cases} \dfrac{1}{z_{jk}+1} & z_{jk} \geqslant 0 \\ |z_{jk}|+1 & z_{jk} < 0 \end{cases} \tag{7-20}$$

上述方法便于给出各因素之间重要性程度的判断，所需判断信息少，不作各因素间的交叉判断，避免了判断的矛盾性，从而提高了判断矩阵的一致性。

7.3.7.4 判断矩阵的一致性及其检验

应用层次分析法保持判断思维的一致性是非常重要的。所谓判断一致性，即判断矩阵 C 有如下关系：$c_{ij}=c_{ik}/c_{jk};i,j,k=1,2,\cdots,n$。根据矩阵理论，当判断矩阵具有完全一致性时，具有唯一非零的、也是最大的特征根 $\lambda_{\max}=n$，且除 $\lambda_{\max}=n$ 外，其余特征根均为零。当其具有满意的一致性时，它的最大特征根稍大于矩阵阶数 n，且其余特征根接近于零，这样基于层次分析法得出的结论才是基本合理的。但是，由于客观事物的复杂性和人们认识上的多样性，以及可能产生的片面性，要求每一个判断都有完全的一致性，显然是不可能的，特别是因素多、规模大的问题更是如此，因此，为了保证应用层次分析法得到的结论合理，还需要对构造的矩阵进行一致性检验。

从理论上可以说明：当判断矩阵不能保证具有完全的一致性时，相应判断矩阵的特征根也将发生变化，因而可以用判断矩阵特征根的变化来检验判断的一致性程度。故在层次分析法中引入判断矩阵最大特征根以外的其余特征根的负平均值作为度量判断矩阵偏离一致性的指标。

$$CI = \frac{\lambda_{\max} - n}{n-1} \tag{7-21}$$

为了度量不同阶判断矩阵是否具有满意的一致性，还需引入判断矩阵的平均随机一致性指标 RI 值。该值是经足够多次重复进行随机判断矩阵特征值的计算，然后取其算术平均数而得。下面给出 1～15 阶矩阵重复计算 1 000 次的平均随机一致性指标,如表 7-3 所示。

表 7-3   平均随机一致性指标

阶数	1	2	3	4	5	6	7	8	9	10	11	12	13	14	15
RI	0	0	0.52	0.89	1.12	1.26	1.36	1.41	1.46	1.49	1.52	1.54	1.56	1.58	1.59

由于 1、2 阶判断矩阵总具有完全一致性,故 RI 只是形式上的。当阶数大于 2 时,判断矩阵的一致性指标 CI 与同阶平均随机一致性指标 RI 之比称为随机一致性比率,记为 CR。

$$CR = \frac{CI}{RI} \tag{7-22}$$

当 $CR < 0.1$ 时,一般认为判断矩阵具有满意的一致性,否则就需要调整判断矩阵,并使之具有满意的一致性。

7.3.7.5 层次总排序

计算同一层次所有因素对于最高层(总目标)相对重要性的排序权值的过程,称为总排序。这一过程是最高层次到最低层次逐层进行的。设上一层次 B 包含 m 个因素 $B_1, B_2, \cdots, B_m$,其层次总排序权值分别为 $b_1, b_2, \cdots, b_m$,下一层次 C 包含 n 个因素 $C_1, C_2, \cdots, C_n$,他们对于因素 B_j 的层次单排序权值分别为 $c_{1j}, c_{2j}, \cdots, c_{nj}$(当 C_k 与 B_j 无关时,$b_{kj} = 0$),则此时 B 层次总排序权值如表 7-4 所示。

表 7-4   C 层次总排序

层次 B 层次 C	B_1 b_1	B_2 b_2	$\cdots$	B_m b_m	C 层次总排序权值
C_1	c_{11}	c_{12}	$\cdots$	c_{1m}	$w_1 = \sum_{j=1}^{m} b_j c_{1j}$
C_2	c_{21}	c_{22}	$\cdots$	c_{2m}	$w_2 = \sum_{j=1}^{m} b_j c_{2j}$
$\cdots$	$\cdots$	$\cdots$	$\cdots$	$\cdots$	$\cdots$
C_n	c_{n1}	c_{n2}	$\cdots$	c_{nm}	$w_n = \sum_{j=1}^{m} b_j c_{nj}$

7.3.7.6 层次总排序的一致性检验

这一步骤也是从高层到低层进行的,如果 C 层次各因素 C_k 对其上层中 B_j 单排序的一致性指标为 CI_j,相应的平均随机一致性指标为 RI_j,则 C 层次总排序随机一致性比率为:

$$CRC = \frac{\sum_{j=1}^{m} b_j CI_j}{\sum_{j=1}^{m} b_j RI_j} \tag{7-23}$$

7.3.7.7 权重计算方法

根据层次分析法的基本原理,采用幂法求解判断矩阵的最大特征根及其特征向量。其计算步骤如下:

① 任取与判断矩阵 $\boldsymbol{B}$ 同阶的正规化初值向量 $\boldsymbol{W}^0$。

② 计算 $\overline{\boldsymbol{W}}^{k+1} = \boldsymbol{B}\boldsymbol{W}^k$。

③ 令 $\beta = \sum_{i=1}^{n} \overline{W}_i^{k+1}$,计算 $W_i^{k+1} = \dfrac{1}{\beta} \overline{W}_i^{k+1}$。

④ 对于预先给定的精度,当:

$$| \overline{W}_i^{k+1} - \overline{W}_i^k | < \varepsilon \tag{7-24}$$

则 $\boldsymbol{W} = \boldsymbol{W}^{k+1}$ 为所求的特征向量,转入⑤;否则返回②。

⑤ 计算判断矩阵最大特阵根:

$$\lambda_{\max} = \sum_{i=1}^{n} \frac{\overline{W}_i^{k+1}}{n W_i^k} \tag{7-25}$$

7.3.7.8 方案优选指标权重分配计算

如图 7-4 所示的矿井通风系统方案优选指标体系分三个层次:最高总目标层为选择综合最优方案,中间层由安全性、技术性、经济性 3 个子目标组成;每个子目标又包含若干指标,其项数分别为 3、5、6、5,共有 16 项指标,由这些指标构成了最底层。现按下列步骤计算层次单排序权值和总排序权值。

① B 层 3 个子目标 B_1, B_2, B_3 对最高层 A 的权重分配:

按相对重要性排列顺序 B_1、B_2、B_3,建立二元比较矩阵 $\boldsymbol{A}$ 的首行元素为 $(1,1.3,1.5)$,然后,根据式(7-18)~式(7-20)计算出该矩阵中其他元素,构成完整的比较矩阵 $\boldsymbol{A}$:

$$\boldsymbol{A} = \begin{bmatrix} 1.0 & 1.3 & 1.5 \\ 1/1.3 & 1.0 & 1.2 \\ 1/1.5 & 1/1.2 & 1.0 \end{bmatrix}$$

再用幂法求判断矩阵 $\boldsymbol{A}$ 的最大特征根 $\lambda_{\max}$ 及其特征向量(权重向量)$\boldsymbol{W}_A$ 和随机一致性比率 CR:

$$\boldsymbol{W}_A = (w_{B_1}, w_{B_2}, w_{B_3}) = (0.41, 0.32, 0.27)$$
$$\lambda_{\max} = 3.000\,2, CR = 0.000\,1 < 0.1$$

② C 层中属于 B_1 子目标下的 5 个指标 C_1, C_2, C_3, C_4, C_5 的权重分配:

按相对重要性排列顺序 C_1、C_2、C_3、C_4、C_5,该比较矩阵的首行元素为 $(1.0, 1.2, 1.3, 1.5, 1.7)$,与上述计算方法相同,可得比较矩阵 $\boldsymbol{A}_{B_1}$ 及其最大特征根 $\lambda_{\max}$、权重向量 $\boldsymbol{W}_{B_1}$ 和随机一致性比率 CR:

$$\boldsymbol{A}_{B_1} = \begin{bmatrix} 1 & 1.2 & 1.3 & 1.5 & 1.7 \\ 1/1.2 & 1 & 1.1 & 1.3 & 1.5 \\ 1/1.3 & 1/1.1 & 1 & 1.2 & 1.4 \\ 1/1.5 & 1/1.3 & 1/1.2 & 1 & 1.2 \\ 1/1.7 & 1/1.5 & 1/1.4 & 1/1.2 & 1 \end{bmatrix}$$

$$\boldsymbol{A}_{B_1} = (w_{C_1}, w_{C_2}, w_{C_3}, w_{C_4}, w_{C_5}) = (0.258, 0.220, 0.203, 0.172, 0.147)$$
$$\lambda_{\max} = 5.0007, CR = 0.0002 < 0.1$$

③ C 层中属于 B_2 子目标下的 6 个指标 $C_6,C_7,C_8,C_9,C_{10},C_{11}$ 的权重分配：

按相对重要性排列顺序 C_6、C_7、C_8、C_9、C_{10}、C_{11}，该比较矩阵的首行元素为 $(1.0,1.0,1.2,1.5,1.7,1.9)$，与上述计算方法相同，可得比较矩阵 $\boldsymbol{A}_{B_2}$ 及其最大特征根 λ_{max}、权重向量 $\boldsymbol{W}_{B_2}$ 和随机一致性比率 CR：

$$\boldsymbol{A}_{B_2} = \begin{pmatrix} 1 & 1 & 1.2 & 1.5 & 1.7 & 1.9 \\ 1 & 1 & 1.2 & 1.5 & 1.7 & 1.9 \\ 1/1.2 & 1/1.2 & 1 & 1.3 & 1.5 & 1.7 \\ 1/1.5 & 1/1.5 & 1/1.3 & 1 & 1.2 & 1.4 \\ 1/1.7 & 1/1.7 & 1/1.5 & 1/1.2 & 1 & 1.2 \\ 1/1.9 & 1/1.9 & 1/1.7 & 1/1.4 & 1/1.2 & 1 \end{pmatrix}$$

$$\boldsymbol{W}_{B_2} = (w_{C_6},w_{C_7},w_{C_8},w_{C_9},w_{C_{10}},w_{C_{11}}) = (0.216,0.216,0.185,0.147,0.126,0.110)$$

$$\lambda_{max} = 6.0019, CR = 0.0003 < 0.1$$

④ C 层中属于 B_3 子目标下的 5 个指标 $C_{12},C_{13},C_{14},C_{15},C_{16}$ 的权重分配：

按相对重要性排列顺序 C_{12}、C_{13}、C_{14}、C_{15}、C_{16}，建立比较矩阵的首行元素为 $(1.0,1.2,1.5,1.7,1.9)$，与上述计算方法相同，可得比较矩阵 $\boldsymbol{A}_{B_3}$ 及其最大特征根 λ_{max}、权重向量 $\boldsymbol{W}_{B_3}$ 和随机一致性比率 CR：

$$\boldsymbol{A}_{B_3} = \begin{pmatrix} 1 & 1.2 & 1.5 & 1.7 & 1.9 \\ 1/1.2 & 1 & 1.3 & 1.5 & 1.7 \\ 1/1.5 & 1/1.3 & 1 & 1.2 & 1.4 \\ 1/1.7 & 1/1.5 & 1/1.2 & 1 & 1.2 \\ 1/1.9 & 1/1.7 & 1/1.4 & 1/1.2 & 1 \end{pmatrix}$$

$$\boldsymbol{W}_{B_3} = (w_{C_{12}},w_{C_{13}},w_{C_{14}},w_{C_{15}},w_{C_{16}}) = (0.276,0.237,0.188,0.161,0.138)$$

$$\lambda_{max} = 5.0015, CR = 0.0003 < 0.1$$

⑤ C 层 16 项指标对最高层 A 的权重分配总排序：

按表 7-4 的计算方法，可得 16 项指标对最高层 A 的权重分配总排序，如表 7-5 所示。总排序的随机一致性比率 $CRC = 0.00025$。

表 7-5   指标权重分配总排序

指标编号	权重分配	重要性排序号	重要性排序号	权重分配	指标编号
C_1	0.106	1	1	0.106	C_1
C_2	0.091	2	2	0.091	C_2
C_3	0.083	3	3	0.083	C_3
C_4	0.071	5	4	0.075	C_{12}
C_5	0.060	9	5	0.071	C_4
C_6	0.069	6	6	0.069	C_6
C_7	0.069	7	7	0.069	C_7
C_8	0.059	10	8	0.064	C_{13}
C_9	0.047	12	9	0.060	C_5

指标编号	权重分配	重要性排序号	重要性排序号	权重分配	指标编号
C_{10}	0.040	14	10	0.059	C_8
C_{11}	0.035	16	11	0.051	C_{14}
C_{12}	0.075	4	12	0.047	C_9
C_{13}	0.064	8	13	0.043	C_{15}
C_{14}	0.051	11	14	0.040	C_{10}
C_{15}	0.043	13	15	0.037	C_{16}
C_{16}	0.037	15	16	0.035	C_{11}
合计	1			1	

上述各判断矩阵和总排序的随机一致性比率均远小于 0.1,说明层次单排序和总排序的结果均具有满意的一致性。

应该指出,在矿井通风系统方案优选时,理论上既可采用层次单排序权重分配值也可采用总排序权重分配值进行计算,但由于指标较多,为了提高计算的精度,最好是采用前者进行分级综合计算。

7.4　矿井通风系统优化方法的应用

7.4.1　矿井概况

某矿井原井田面积为 63.21 km²,扩区面积为 13.5 km²,设计能力为 1.5 Mt/a,实际生产能力已达到 2.0 Mt/a。矿井主采煤层为二叠纪山西组中下部 3# 煤层,煤层平均厚度 5～6 m,配采 5# 煤层,煤层赋存较稳定。矿井地质及水文地质条件复杂,断层、陷落柱、褶皱等构造发育。主采煤层为山西组中下部 3# 煤层,煤层厚度稳定,平均厚度为 6.14 m,煤层伪顶为炭质泥岩 0.3 m;直接顶为砂质泥岩 1.43 m;基本顶为细砂岩 8.9 m。

矿井开拓方式为立井单水平开拓,采煤方法为综采放顶煤。矿井有 3 个生产采区,2 个采煤工作面(7510 综放面和 5108 综放面),3 个备用工作面(7512 综放面、7515 综采面和 7601 综采面),掘进工作面有 5 个,其中 76 采区 3 个(76 南部回风巷、76 集中猴车巷和 7603 运输巷),51 采区 2 个(5102 切眼、5100 回风巷)。矿井正在生产的 75、74 和 51 主采区已接近尾声,并开始转入南丰扩区生产。

南丰扩区位于该矿井田西部,北以小黄庄断层为界,南以文王山断层为界,西以经线 38 408 000 为界,东与原井田相连,南北长 4.5 km,东西宽 3 km,面积 13.5 km²。扩区地质储量 10 768.61 万 t,可采储量 7 005 万 t,综采圈定储量为 2 045 万 t。

南丰扩区 3# 煤层瓦斯含量为 6.15～7.95 m³/t,采取瓦斯抽放措施后,预计残存瓦斯含量为 2.01 m³/t,可抽瓦斯量为 5.16 m³/t,抽放率为 20.3%。据实测,首采工作面掘进准备时瓦斯涌出量达到 9～10 m³/min,矿井瓦斯相对涌出量为 9.69 m³/t,绝对涌出量为 40.36 m³/min,与以往相比有成倍地增加,到扩区深部瓦斯涌出还将逐步增加,矿井将由过去的低瓦斯矿井转为高瓦斯矿井。

该矿井由主副井和 75 安全出口及南丰风井进风,西风井和北斜风井回风。75 和 76 采区的采掘工作面处于西风井担负通风最远的位置,通风路线长、阻力大,漏风也较大,供风不足。矿井总进风量约为 8 498 m³/min,总回风量约为 10 884 m³/min。西风井风机型号均为 2K60-4№28,转速为 590 r/min,额定功率为 480 kW,担负+600 水平 73、74、75、76 采区及+760 水平西翼的供风,风机叶片安装角度为 39°,负压为 2 960 Pa,排风量为 7 156 m³/min,实际功率为 408 kW,已达到最大通风能力;北斜风井风机型号为 2BY-№24,转速为 735 r/min,额定功率为 380 kW,担负+760 水平北翼、西翼运输大巷及+600 水平西大巷、51 采区的供风,风机叶片安装角度为 30°,负压为 2 768.4 Pa,排风量为 4 418 m³/min,实际功率为 308 kW,也已达到最大通风能力。

7.4.2 矿井通风系统存在的问题分析

随着矿井开采深度的增加,南丰扩区瓦斯涌出量日趋增大,采掘工作面用风量也大幅度增加,在保证矿井现有生产能力 2.0 Mt/a 不变的前提下,通风能力已不能满足实际要求。从南丰扩区 76 南部回风巷及 7603 工作面运输巷掘进情况来看,瓦斯涌出量由原来的 5.45 m³/min 增大到 10 m³/min 左右,掘进工作面在不生产的情况下,外口瓦斯浓度高达 0.8% 左右,有时割煤不到 10 min 瓦斯就超限,严重影响正常生产,制约掘进速度。当掘进工作面意外停风时,瓦斯瞬间积聚,浓度高达 3% 以上,将来该工作面回采时瓦斯治理难度更大,不安全因素更多,通风与瓦斯问题成为制约采区准备、工作面衔接与回采的最重要因素。

为了提高南丰扩区通风能力,新开凿的南丰回风井缩短了南丰扩区回风流程,降低了该扩区回风段阻力,矿井通风的困难程度得到了缓解,但是由于南丰扩区瓦斯涌出量成倍增加,进风路线过长约为 11.5 km,矿井通风阻力仍居高不下。根据矿井通风阻力测定和南丰风井主要通风机投运后通风系统模拟结果,南丰风井系统阻力将高达 4 230 Pa,进风与用风段阻力之和为 2 882 Pa,占总阻力的 74.5%;风量为 10 350 m³/min,最多只够 1 个采煤工作面、1 个备用工作面、3 个掘进工作面的用风,风量不足问题仍比较突出,矿井产量将减至 0.9 Mt/a。高阻力通风系统成为制约矿井稳产高效的最大瓶颈。因此,必须对矿井通风系统进行优化改造,以维持现有生产能力,保证矿井安全稳产高效。

7.4.3 矿井通风系统优化方案的拟定

根据矿井生产发展规划,当 75 采区 7510、7508、7513、7515 工作面采完结束,矿井生产将全部转入南丰扩区,即进入南丰扩区全面生产阶段。在这个生产阶段,75 采区全部结束。当 7601 与 7802 工作面同采时矿井通风为最困难时期。因此,该时期的优化将对当前和今后矿井通风系统优化起着决定性的作用。按现有矿井生产能力 2.0 Mt/a 考虑,必须能够保证南丰扩区至少有 2 个生产工作面、1 个备用工作面、5~6 个掘进工作面。根据采掘工程接替计划,该时期矿井备用工作面为 7609,掘进工作面有:7801 运输巷、7801 回风巷、76 放水巷、7611 运输巷、7803 运输巷等。根据矿井需风量计算方法,南丰扩区采煤工作面为 2 000 m³/min,掘进工作面为 1 500 m³/min,备用面为 1 000 m³/min,其他为 1 500 m³/min。按通风能力 2.0 Mt/a 计算,南丰扩区总需风量为 18 000 m³/min。此时,矿井通风方式、76 采区及其工作面的通风方式、通风巷道断面如何优化是该阶段必须解决的关键性问题。

根据该矿井通风系统现状与未来发展情况,目前扩区已有南丰回风立井,扩区南部 76

采区已形成了胶带巷进风、轨道巷和专用回风巷回风的"一进两回"通风方式,胶带巷断面积为 10.8 m²,轨道和专用回风巷均为 10.15 m²,扩区北部 78 采区设计为"两进两回",胶带巷和猴车巷进风,轨道巷和专用回风巷回风,四条巷道断面积均为 12 m²。考虑到南丰扩区进风系统路线超长、阻力过高,确定在南丰回风立井附近再新开一个南丰进风副立井,深度 539 m,直径 7 m,使南丰扩区形成相对独立的进回风系统,即可缩短进风流程、降低通风阻力,又可增加安全出口,提高抗灾能力。考虑到扩区瓦斯涌出大的实际情况,确定采煤工作面采用"一进两回"通风方式,三条巷道断面积均为 12 m²,以增强工作面排瓦斯能力,同时降低工作面进回风系统的通风阻力。矿井通风系统方案示意图如图 7-5 所示,在采取上述一系列改造措施后,下面从改变矿井、南丰扩区的通风方式,增加风路等方面考虑,提出该阶段矿井通风系统调整改造方案。

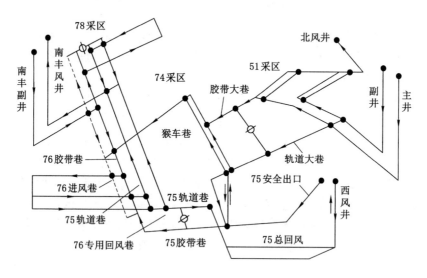

图 7-5　矿井通风系统方案示意图

　　方案 1:矿井为主副井、75 安全出口和新南丰副立井进风、西风井、北风井和南丰风井回风的混合式通风方式。75 和 74 采区保持原通风系统。扩区南部 76 采区采用"一进两回"通风方式;而北部 78 采区采用"两进两回"的通风方式。扩区高瓦斯工作面采用"一进两回"通风方式。

　　方案 2:西风井作为进风,75 采区所有回风巷全部改为进风巷,矿井采用南风井和北风井两翼对角式通风,以简化矿井通风系统,提高矿井通风系统的稳定性,但南丰风井的排风量增大,通风阻力升高。76 采区通风方式由"一进两回"改为"两进两回"。即在原有 76 采区胶带巷进风,轨道和专用回风巷回风的基础上,新作一条与 76 胶带巷并联的进风巷长 1 675 m,断面面积为 15 m²,并在适当位置作联络巷与 76 胶带巷沟通,形成"两进两回"的通风方式,以降低 76 采区进风系统的阻力。

　　方案 3:在方案 1 的基础上,新作一条与 76 胶带巷并联的进风巷长 1 675 m,断面面积为 15 m²,使 76 采区通风方式由"一进两回"变为"两进两回"。该方案矿井为"四进三回"的通风系统,南丰扩区总排风量大,但西风井风机与南丰风井风机联合运转相互影响较大。

　　从上述方案初步比较来看,3 个方案各有利弊,难以取舍,必须进行方案的通风模拟,并进行方案的综合评价优选。

7.4.4 改造方案的计算机模拟与比较

针对上述 3 个方案,根据该矿井通风阻力和主要通风机性能测定结果,分别建立相应的通风系统数据库,进行计算机数值模拟分析,筛选相应的安全性、技术性和经济性指标,并根据指标重要性排序,采用层次分析法,确定各指标权重,如表 7-6 所示。

表 7-6 改造方案优选指标特征值

指标序号	指标名称	指标权重	指标阈值	方案 1	方案 2	方案 3
1	主要通风机运转稳定性系数	0.145	[0.85,0.95]	0.95	0.85	0.88
2	多风机风压平衡系数	0.122	[0.72,0.96]	0.79	0.72	0.96
3	76 采区安全通道数量	0.112	[2,3]	2	3	3
4	分区角联数	0.095	[8,11]	11	8	11
5	风网独立回路数	0.135	[73,87]	73	87	80
6	矿井风量供需比	0.135	[1.0,1.2]	0.85	1	1.15
7	南丰扩区通风阻力/Pa	0.114	[2 951,3 795]	3 559	3 795	2 951
8	南丰扩区等积孔/m²	0.089	[3.9,6.5]	3.9	5.55	6.5
9	通风工程量/m	0.024	[0,1 675]	0	1 675	1 675
10	通风总能耗/kW	0.029	[1 256,1 696]	1 385	1 696	1 256

根据相对隶属度计算方法,确定各方案指标"优等"相对隶属度矩阵 R、优等和劣等方案指标隶属度向量如表 7-7 所示。

表 7-7 改造方案优选指标相对隶属度矩阵计算结果

指标序号	方案 1 指标隶属度 r_{1j}	方案 2 指标隶属度 r_{2j}	方案 3 指标隶属度 r_{3j}	优等方案指标隶属度 G	劣等方案指标隶属度 H
1	0	1	0.7	1	0
2	0.292	0	1	1	0
3	0	1	1	1	0
4	0	1	0	1	0
5	1	0	0.5	1	0
6	0	1	1	1	0
7	0.28	0	1	1	0
8	0	0.635	1	1	0
9	1	0	0	1	0
10	0.707	0	1	1	0

将表 7-7 中的数据代入可变模糊优选模型式(7-11),计算可得 3 个方案模糊分划的优属度向量 $U_1 = (0.206, 0.569, 0.837)$,按隶属度最大原则,可确定方案相对优劣排序为:方案

3、方案 2、方案 1,即方案 3 最优。

思考与练习题

7-1　矿井通风系统的主要技术要求有哪些?

7-2　矿井通风系统常见问题有哪些?

7-3　试述矿井通风系统优化改造的一般步骤。

7-4　矿井通风系统调查与分析的主要内容是什么?

7-5　拟定矿井通风系统优化改造方案的原则是什么?

7-6　简述矿井通风系统方案计算机模拟的主要步骤。

7-7　矿井通风系统方案模糊优选法的基本原理是什么?

7-8　矿井通风系统方案优选指标的选择原则是什么? 你认为通用的指标有哪些?

7-9　确定方案优选指标的权重有哪些方法? 应注意什么问题?

附录 1 最小二乘法拟合通风机特性曲线源程序

```
//最小二乘多项式回归 C 源程序 Least Squares Polynomial Regression
void LSPR(float x[],float y[],float coef[],int np,int kp)
{
  float a[5][6],xpx[5][5];//中间数组
  float xpy[5];
  float sumy,sumx,sumxy,sumxs,xk;//中间求和变量
  float sumsq,prod,yhat,diff;
  float cmssq,pmssq;
  int i,j,n,m,km1;//中间循环变量
  int k;//多项式次数变量
  if((outfp = fopen("runtmp.txt","a")) == NULL)
  {
    printf("the file cannot open\n");
    return;
  }
  //step 1
  sumy=0.0f;
  sumx=0.0f;
  sumxy=0.0f;
  sumxs=0.0f;
  for(i=0;i<np;i++)
  {
    sumy=sumy+y[i];
    sumx=sumx+x[i];
    sumxy=sumxy+x[i] * y[i];
    sumxs=sumxs+x[i] * x[i];
  }
  pmssq=10.0e8;
  k=1;
  n=k+1;
  m=n+1;
```

```
xpx[0][0]=(float)np;
xpx[0][1]=sumx;
xpx[1][0]=sumx;
xpx[1][1]=sumxs;
xpy[0] = sumy;
xpy[1] = sumxy;
int key;
do
{
   key = 0;
   for(i=0; i<n; i++) //形成方程组系数矩阵
   {
      for(j=0; j<n; j++)
        a[i][j]=xpx[i][j];
      a[i][n]=xpy[i];
   }
   gsjor(n,m,a);//求方程组解
   //step 4
   sumsq=0.0f;
   for(i=0; i<np; i++)
   {
      prod=0.0f;
      for(j=1; j<=k; j++)
        prod=prod+a[j][n] * (float)pow((double)x[i],(double)j);
      yhat=a[0][n]+prod;
      sumsq=sumsq+(y[i]-yhat) * (y[i]-yhat);
   }
   if((np-k-1) ! = 0)
   {
      //step 5
      cmssq=sumsq/(float)(np-k-1);//相关系数
      //step 6
      if(cmssq < pmssq)
      {
         fprintf(outfp,"\n\n 拟合次数为 %d 的最小二乘多项式拟合系数:",k);
         for(i=0;i<n;i++)
         {
            fprintf(outfp,"\n beta( %d ) = %18.6f ",i,a[i][n]);
         }
```

```
        fprintf(outfp,"\n\n 多项式拟合次数判别式 cmssq= %18.6f ",cmssq);
        pmssq=cmssq;
        if(k < kp)
        {
        //step 7――追加多项式次数
          float sum1,sum2,sum3;
          k=k+1;//追加多项式次数
          n=k+1;
          m=n+1;
          km1=k-1;
          for(i=0; i<km1; i++)
          {
            xpx[k][i]=xpx[k-1][i+1];
            xpx[i][k]=xpx[k][i];
          }
          sum1=0.0f;
          sum2=0.0f;
          sum3=0.0f;
          for(i=0; i<np; i++)
          {
            xk=(float)pow(x[i],k);
            sum1=sum1+xk * (float)pow(x[i],(k-1));
            sum2=sum2+xk * xk;
            sum3=sum3+xk * y[i];
          }
          xpx[k][k-1]=sum1;
          xpx[k][k]=sum2;
          xpx[k-1][k]=sum1;
          xpy[k]=sum3;
          for(j=0; j<k; j++)
            coef[j]=a[j][k];
          key = 1;//返回进行追加多项式次数计算
        }
      }
    }
} while(key == 1);
km1 = k - 1;//满意多项式次数
fprintf(outfp,"\n\n 满意的多项式拟合次数为 %3d,其拟合效果如下:",km1);
fprintf(outfp,"\n  x   y   拟合值   拟合误差");
```

```
    for(i=0; i<np; i++)
    {
        prod=0.0f;
        for(j=1; j<=km1; j++)
            prod=prod+coef[j] * (float)pow(x[i],j);
        yhat=coef[0]+prod;
        diff=y[i]-yhat;
        fprintf(outfp,"\n %14.6f %14.6f %14.6f %14.6f",x[i],y[i],yhat,diff);
    }
    fclose(outfp);
}
//求线性方程组解的函数
void gsjor(int n,int m,float a[][6])
{
    int i,j,k,kp1;
    for(k=0; k<n; k++)
    {
        kp1=k+1;
        for(j=kp1; j<m; j++)
            a[k][j]=a[k][j]/a[k][k];
        for(i=0; i<n; i++)
        {
            if(i ! = k)
            {
            for(j=kp1; j<m; j++)
                a[i][j]=a[i][j]-a[i][k] * a[k][j];
            }
        }
    }
}
```

附录2　通风网络解算源程序

/＊＊ 通风网络解算 C 源程序 ＊＊/

```
＃include＜stdio.h＞
＃include＜math.h＞
＃include＜stdlib.h＞
＃include＜conio.h＞
＃define np 4 //风机特性曲线拟合点数
void branch_sort(int nb,int branch[],int BranchID[],CString BrType[]);
bool select_tree(int NumBran, int NumNode, int NumMesh, int branch[], CString
BrType[], int j1[], int j2[], int NodeID[], int BranchID[], int out[]);
bool select_mesh(int nb,int nj,int nm,int branch[], CString BrType[],int out[], int j1
[],int j2[],int NodeID[],int BranchID[],int na[],int me[]);
void polcoe(float xa[],float ya[],int n,float coef[]);
void CalcuMeshNvp(int nm,int nb,int na[],int me[],int BranchID[],float sumnvp[],
float nvp[]);
void InitialAirflow (int nb, int nfixb, int nm, int nf, int out[], int FixBranID[], int
BranchID[],float de[],float ＊＊x, float qm[]);
void VNetAirDistrCalc(int nb, int nm, int nj, int BranchID[],int out[],int me[],int na
[]);
int Scott(int MaxIt,int nb,int nj, int nm,int nfixb,int nf, float ＊＊cf, float qfmin[],
float hfmax[], float eps, CString ItCtrlRule, int BrnachID[], int NodeID[], int Fan-
BranID[], float r[], float de[], CString BrType[], float qm[], float fp[]);//斯考特—
恒斯雷法风网解算
int Newton(int MaxIt, int nb, int nj, int nm, int nfixb, int NumVarp, int nf, float ＊＊
cf, float qfmin[], float hfmax[], float p[], float eps, CString ItCtrlRule, int BranchID
[], int NodeID[], int FanBranID[], float r[], float de[], CString BrType[], float qm
[], int VarpBranID[], int out[], int me[], int na[], float fp[]); //牛顿法风网解算
bool inver(float ＊＊Jacb, int nm, double zero); //矩阵求逆
void InitalMeshBran(int nb, int nm, int BranchID, int branch[], float de[], float rr[]);
int RevBranProcess(int nb, int nm, int RevBranch[], float adjp[], int BranchID, int j1
[],int j2[], float nvp[], int na[], int me[], int qm[]);
void vent_reverse_mesh(int nm, int number, int na[], int me[]);
```

```
void CalcAdjustPressure(int nm, int nb, int BranchID, CString BrType[], float h[],
float adjp[]);
void CalcAdjustArea(int nb, float q[], float de[], float s[], float adjp[], float ws[]);
void CalcNetPara(int nb, int nf, int nm, float Area[], float NetR[], float NetNVP[],
float FanP[], float FanR[], int NetID[], float adjp[], CString BrType[], int FanBranID
[], int BranchID[], float sumnvp[], float fp[]);
void OutputNetSimuResult(int nb, float h[], float v[], float r[], float q[], float s[],
int BranchID, int j1[], int j2[]);//输出风网解算基本结果
void OutputAdjBranData(int nb,int BranchID[],int j1[],int j2[],float r[],float q[],float
adjp[],float adjr[],float ws[]);//输出调节分支参数函数
void OutputFanRunning(int SumFan, int nb, int nf, int NetID[], float FanP[], float
FanR[], float NetR[], float Area[], int iCurveCoefNum, float * * df, float fe[], float
fw[], float qfmin[], int BranchID[], int FanBranID[], int j1[], int j2[], float q[]);//
输出风机工况参数函数
void OutputMeshInfo(int nb, int nf, int nm, float adjp[], int BranchID[], int na[], int
me[],CString BrType[], int FanBranID[]);//输出回路风压信息函数
FILE * fp4;//输出文件指针
main()
{
    int nj, nb, nfixb, NumVarp, nf;//节点数, 分支数, 固定风量分支数, 可调节分支数,
    风机分支数
    int maxit, maxin;//最大迭代次数,重选回路次数
    float eps;//迭代精度
    CString CalcMethod;//计算方法选择
        int i,ii;
        FILE * fp1, * fp2, * fp3;
        fp1=fopen("vnm.txt","r");
        if((fp1=fopen("vnm.txt","r"))==NULL){
            printf("the file cannot open\n");
            exit(0);
        }
        fscanf(fp1,"%d %d %d %d %d %d %d %f %s",&nj,&nb,&nfixb,&NumVarp,
        &nf,&maxit,&maxin,&eps,&CalcMethod);
        fclose(fp1);//定义风网节点和分支参数数组
    int NodeID[nj];//节点号
    float NodeZ[nj], NodeDe[nj];//节点标高、空气密度
    int BranchID[nb], branch[nb], j1[nb], j2[nb];//分支号,分支排序,分支始、末节点号
    float r[nb], s[nb], de[nb], nvp[nb], v[nb];//分支的风阻、断面积、空气密度、位压
    差、风速
```

```
float rr[nb]，adjp[nb]，adjr[nb]，ws[nb];//分支赋权、调节风压，调节风阻、调节窗
面积
float q[nb]，qm[nb];//分支体积流量和质量流量
CString BrType[nb];//分支类别
int AdjustBranID[NumVarp];//可调节分支号
/* 输入通风网络节点参数 */
fp2＝fopen("node.txt","r");
if((fp2＝fopen("node.txt","r"))＝＝NULL){
    printf("the file cannot open\n");
    exit(0);
}
for(i＝0;i<nj;i＋＋){
    fscanf(fp2,"%d %f %f",&NodeID[i],&NodeZ[i],&NodeDe[i]);
}
fclose(fp2);
/* 输入通风网络分支参数 */
Fp3＝fopen("branch.txt","r");
if((fp3＝fopen("branch.txt","r"))＝＝NULL){
    printf("the file cannot open\n");
    exit(0);
}
for(i＝0; i<nb; i＋＋){
    fscanf(fp3,"%d %d %d %f %f %s",&BranchID[i],&j1[i],&j2[i],&r[i],&s[i],
    &BrType[i]);
}
fclose(fp3);
//计算分支位压差
int ja, jb;//分支始末节点序号
for(i＝0; i<nb; i＋＋){
    ja ＝ GetNodeID(j1[i], nj, NodeID);
    jb ＝ GetNodeID(j2[i], nj, NodeID);
    de[i] ＝ (NodeDe[ja]＋NodeDe[jb])/2.0f;
    nvp[i]＝9.81 * (NodeZ[ja]－NodeZ[jb]) * de[i];
    branch[i] ＝ BranchID[i];
    r[i] ＝ r[i] * de[i]/1.2f;
    rr[i] ＝ r[i];
}
fp4＝fopen("runtmp.txt","w");
if((fp4＝fopen("runtmp.txt","w"))＝＝NULL){
```

```
        printf("the file cannot open\n");
        exit(0);
}
fprintf(fp4,"\n\n，分支数  固定风量数  可调节分支数  风机数  迭代次数  重选回
路次数  迭代精度");
fprintf(fp4,"\n\n  %4d  %4d  %4d  %2d  %4d  %4d  %8.6f",nb, nfixb,
NumVarp, nf, maxit, maxin, eps);
fprintf(fp4,"\n\n 分支号  始点  末点  断面  风阻  位压差  分支类别\n");
for(i=0; i<nb; i++)
    fprintf(fp4," %4d %4d %4d %6.2f %12.6f %8.2f %s",i, j1[i], j2[i], s[i], r[i],
    nvp[i], BrType[i]);
//定义风机参数数组
float FanBranID[nf], x[nf][np], fx[nf][np], fy[nf][np], xa[np], ya[np], coef[np];
float cf[nf][np],df[nf][np],fq[nf],fw[nf],fe[nf],fn1[nf],fn2[nf];
float qfmin[nf], hfmax[nf],fp[nf];
//输入风机参数
if(nf > 0)
{
    FILE * fp5;
    float fk1,fk2;
    fp5=fopen("fan.txt","r");
    if((fp5=fopen("fan.txt","r"))==NULL){
        printf("the file cannot open\n");
        exit(0);
    }
    for(int l=0; l<nf; l++)
    {
        for(i=0; i<np; i++)
            fscanf(fp5,"%4d %4.0f %4.0f %9.3f %8.2 %9.3f %8.2f %5.2f %9.3f %8.2f %
            5.2f%9.3f %8.2f %5.2f %9.3f %8.2f %5.2f",&FanBranID[l], &fn1[l], &fn2
            [l],qfmin[l],hfmax[l],&x[l][i],&fx[l][i],&fy[l][i]);
        ii=GetBranchID(FanBranID[l], nb, BranchID);
        fk1=(de[ii]/1.2) * (fn2[l]/fn1[l]) * (fn2[l]/fn1[l]);
        fk2=fn1[l]/fn2[l];
        for(k=0; k<np; k++)
        {
            xa[k]=x[l][k];
            ya[k]=fx[l][k];
        }
```

```
        polcoe(xa,ya,np,coef);
        for(k=0; k<np; k++)
        {
            ya[k]=fy[l][k];
            cf[l][k]=coef[k] * fk1 * pow(fk2,k);
        }
        polcoe(xa,ya,np,coef);
        for(k=0; k<np; k++)
        {
            df[l][k]=coef[k] * pow(fk2,k);
        }
        qfmin[l] = qfmin[l]/fk2;
        hfmax[l] = hfmax[l] * fk1;
    }
    fclose(fp5);
    for(l=0; l<nf; l++)
    {
        fprintf(fp4,"\n\n  风机号  曲线点号  风机风量  风机风压  风机效率\n %3d ",l);
        for(i=0;i<np;i++)
            fprintf(fp4," %3d %9.3f %8.2f %5.2f\n ",i,x[l][i],fx[l][i],fy[l][i]);
        fprintf(fp4,"\n\n 风机曲线拟合系数");
        for(i=0;i<np;i++)
            fprintf(fp4,"\n cf(%2d,%2d)=%14.7f",l,i,cf[l][i]);
        for(i=0;i<np;i++)
            fprintf(fp4,"\n df(%2d,%2d)=%14.7f",l,i,df[l][i]);
    }
}
//定义固定风量分支参数数组
int FixBranID[nfixb];//固定风量分支号
float Fixq[nfixb];//固定风量值
if(nfixb > 0)
{
    FILE * fp6;
    fp6=fopen("fixq.txt","r");
    if((fp6=fopen("fixq.txt","r"))==NULL){
        printf("the file cannot open\n");
        exit(0);
    }
    for(i=0;i<nfixb;i++)
```

```
      fscanf(fp6,"%4d %7.2f",&FixBranID[i],&Fixq[i]);
    fclose(fp6);
}
//可调节分支号
if(NumVarp > 0)
{
    FILE * fp7;
    Fp7＝fopen("Adjust.txt","r");
    if((fp7＝fopen("Adjust.txt","r"))＝＝NULL){
        printf("the file cannot open\n");
        exit(0);
    }
    for(i＝0;i<NumVarp;i++) {
        fscanf(fp7,"%d",&AdjustBranID[i]);
    }
    fclose(fp7);
}
//风网解算
int nm = nb－nj+1;//风网基本回路数
int out[nb];//分支生成树树枝或余树弦标记,余树弦的值＝1,树枝的值＝0
int nn = nm * nb;
int na[nn],me[nm];
float sumnvp[nm];//回路自然风压
int in＝0;//重选回路计数
bool Passflag = false;
int OutFan[nf];
do{
    branch_sort(nb,branch,BrType);
    Passflag＝select_tree(nb,nj,nm,branch,BrType,j1,j2,NodeID,BranchID,out);
    if(! Passflag)
        break;
    Passflag = select_mesh(nb,nj,nm,branch,BrType,out,j1,j2,NodeID,BranchID,na,
    me);
if(! Passflag)
    break;
CalcuMeshNvp(nm,nb,na,me,BranchID,sumnvp,nvp);
fprintf(fp4,"\n\n  回路号  分支数  自然风压  分支号\n");
je＝0;
for(i＝0;i<nm;i++)
```

```
{
  js=je;
  je=me[i];
  l=je-js;
  fprintf(fp4," %4d %4d %12.6f",i+1,l,sumnvp[i]);
  for(j=js; j<je; j++)
  fprintf(fp4,"%6d",na[j]);
  fprintf(fp4,"\n");
}
if(in == 0)
{
        fprintf(fp4,"\n 回路分支累加数＝ %4d",je);
        fprintf(fp4,"\n\n\n 节点数＝%4d   回路数＝%4d\n",nj,nm);
        InitialAirflow(nb,nfixb,nm,nf,out,FixBranID,BranchID,de,x,qm);
        VNetAirDistrCalc(nb,nm,nj,BranchID,out,me,na,qm);
        fprintf(fp4,"\n\n 分支号  始点号  末点号  初始质量流量\n");
        for(i=0; i<nb; i++)
          fprintf(outfp," %6d %6d %6d %12.6f\n",BranchID[i],j1[i],j2[i],qm[i]);
        }
    }
  if (CalcMethod == "SCOTT 法")
    kee = Scott (MaxIt, nb, nj, nm, nfixb, nf, cf, qfmin, hfmax, eps, ItCtrlRule,
    BrnachID,NodeID,FanBranID,r,de,BrType,qm,fp);
  else if(CalcMethod == "NEWTON 法")
    kee = Newton(MaxIt,nb,nj,nm,nfixb,NumVarp,nf,cf,qfmin,hfmax,adjp,eps,
    ItCtrlRule,BranchID,NodeID,FanBranID,r,de,BrType,qm,VarpBranID,out,me,
    na,fp);
  if(kee == 0)
  {
    if(in < maxin)
    {
      in=in+1;
      fprintf(fp4,"\n\n 重选回路次数＝ %d ",in);
      InitalMeshBran(nb,nm,BranchID,branch,de,rr);
    }
    else
    {
      fprintf(fp4,"\n\n 重选回路 %d 次后,迭代仍未达到精度要求!",in);
      break;
```

```
          }
        }
    }while((in <= maxin) && (kee == 0));
    if(! PassFlag)
    {
        fclose(fp4);
        return false;
    }
    int RevBranch[nb],h[nb];
    int RevBranchNum = RevBranProcess(nb,nm,RevBranch,adjp,BranchID,j1,j2,nvp,
    na,me,qm);
    for(i=0; i<nb; i++)
    {
        q[i] = qm[i]/de[i];
        h[i] = r[i] * (float)fabs(q[i]) * q[i];
        v[i] = q[i]/s[i];
    }
    if(CalcMethod == "SCOTT 法")
        CalcAdjustPressure(nm,nb,BranchID,BrType,h,adjp);
    OutputNetSimuResult(nb,h,v,r,q,s,BranchID,j1,j2);
    int NumAdjBran = 0;
    for(i=0; i<nb; i++)
    {
        if(fabs(adjp[i])>1.0e-3 && BrType[i] ! = "定流风机分支" && BrType[i] ! =
        "风机分支")
        {
            NumAdjBran += 1;
            if(fabs(q[i]) ! = 0 )
                adjr[i]=adjp[i]/(q[i] * q[i]);
            if(adjr[i]<0.0f && r[i]<fabs(adjr[i]))
            {
                fprintf(fp4,"通风网络中分支号为 %d:巷道风阻值反算为负值!",BranchID[i]);
            }
        }
    }
    if(NumAdjBran > 0)
    {   CalcAdjustArea(nb,q,de,s,adjp,ws);
        OutputAdjBranData(nb,BranchID,j1,j2,r,q,adjp,adjr,ws);
    }
```

```
    int NumPrepFan = 0;
    for(i=0; i<nb; i++)
    {
        if(BrType[i] == "定流风机分支")
            NumPrepFan++;
    }
    // 通风网络总参数
    int SumFan = NumPrepFan+nf;//风机分支数+定流风机分支数
    float Area[SumFan];//存储风机系统等积孔
    float NetR[SumFan];//存储风网风阻
    float NetNVP[SumFan];//存储风机回路自然风压
    float FanP[SumFan];//存储预选风机风压或风机风压
    float FanR[SumFan];//存储风机工作风阻
    int NetID[SumFan];//风机分支编号
CalcNetPara(nb, nf, nm, Area, NetR, NetNVP, FanP, FanR, NetID, adjp, BrType, Fan-
BranID, BranchID, sumnvp, fp);
    if(NumPrepFan > 0)
    {
        fprintf(fp4,"\n\n 分支号　始节点　末节点　预选风机风量　预选风机风压　风机
        工作风阻　网络风阻　等积孔\n");
        for(i=0; i<SumFan; i++)
        {
            kb=GetBranchID(NetID[i],nb,BranchID);
            if(BrType[kb] == "定流风机分支")
                fprintf(fp4," %5d%8d%8d %9.3f %11.4f %10.6f %10.6f %6.3f\n",
                BranchID[kb],j1[kb],j2[kb],q[kb],FanP[i],FanR[i],NetR[i],Area[i]);
        }
    }
    if(nf > 0) //打印风机参数
    OutputFanRunning (SumFan, nb, nf, NetID, FanP, FanR, NetR, Area, np, df, fe, fw,
    qfmin,BranchID,FanBranID,j1,j2,q);
OutputMeshInfo(nb,nf,nm,adjp,BranchID,na,me,BrType,FanBranID);//输出回路风压
平衡表
    fprintf(fp4,"\n\n #### 结束！###\n");
    fclose(fp4);
}//主程序结束


//分支按权值从大到小排序函数（冒泡排序）
void branch_sort(int nb,int branch[],CString BrType[])
```

```
{
  int i,j,m,ii,jj,k,kk;
  float temp;
  for(i=0; i<nb-1; i++)
  {
    if(BrType[i]=="定流分支" || BrType[i]=="定流风机" || BrType[i]=="风机分支")
      continue;
    for(j=i+1;j<nb;j++)
    {
      if(BrType[j]=="定流分支"||BrType[j]=="定流风机"||BrType[j]=="风机分支")
        continue;
      if(rr[i]<rr[j])
      {
        temp=rr[j];
        rr[j]=rr[i];
        rr[i]=temp;
        m=branch[j];
        branch[j]=branch[i];
        branch[i]=m;
      }
    }
  }
}
```

//用克鲁斯卡尔算法选择生成树的C++函数
/* 已知通风网络的分支数为 nb、节点数为 nj、基本回路数为 nm、分支某种排列序号数组 branch[i]、分支始末节点号 j1[i]和 j2[i]、节点原始序号数组 NodeID[j]、分支原始序号数组 BranchID[i]、分支类别数组 BrType[i],用下面 C 函数 select_tree(),选择并输出生成树和余树标记数组 out[i]。
*/

```
bool select_tree(int nb, int nj, int nm, int branch[], CString BrType[], int j1[], int j2[], int NodeID[], int BranchID[], int out[])
{
  int nfbpf,kee,i,j,k,kk,k1,jj,kb;
  int l,ja,jb,n,m,je;
  int jc[nj];
  for(j=0; j<nj; j++)
    jc[j] = 0;
  l=0;
  n=0;
```

```
nfbpf=0;
for(i=nb-1; i>=0; i--)
{
  k=branch[i];
  kk = GetBranchID(k,nb,BranchID);//得到分支序号
  if(BrType[kk]=="定流分支"|| BrType[kk]=="定流风机分支"||BrType[kk]=
  ="风机分支") //将这三类分支作为当然的余树弦
  {
    out[kk]=1;
    nfbpf=nfbpf+1;
    continue;
  }
  out[kk]=0;
  ja=GetNodeID(j1[kk],nj,NodeID);//得到节点序号
  jb=GetNodeID(j2[kk],nj,NodeID);
  if(jc[ja] > jc[jb])
  {
    if(jc[jb] ! = 0)
    {
      jj=jc[jb];
      for(j=0; j<NumNode; j++)
      {
        if(jc[j] == jj)
          jc[j]=jc[ja];
      }
      continue;
    }
    else
    {
      jc[jb]=jc[ja];
      continue;
    }
  }
  else if(jc[ja] < jc[jb])
  {
    if(jc[ja] == 0)
    {
      jc[ja]=jc[jb];
      continue;
```

```
        }
      else
      {
        jj=jc[jb];
        for(j=0; j<NumNode; j++)
        {
          if(jc[j] == jj)
            jc[j]=jc[ja];
        }
        continue;
      }
    }
    else
    {
      if(jc[ja] ! = 0)
      {
        out[kk]=1;
        n=n+1;
      }
      else
      {
        l=l+1;
        jc[ja]=l;
        jc[jb]=l;
      }
    }
  }
  m=n+nfbpf-nm;
  if(m ! = 0)
  {
    fprintf(fp4,"\n\n ＊＊ 选出的回路数不正确 ＊＊ ％4d",n);
    return(false);
  }
  return (true);
}
int GetNodeID(int NodeCode,int nj, int NodeID[])
{
  int NodeNo = -1;
  for(int j=1; j<nj; j++)
```

```
    {
      if(NodeID[j] == NodeCode)
      {
        NodeNo = j;
        break;
      }
    }
    return NodeNo;
}
int GetBranchID(int BranchCode,int nb, int BranchID[])
{
    int BranchNo = -1;
    for(int j=1; j<nb; j++)
    {
      if(BranchID[j] == BranchCode)
      {
        BranchNo = j;
        break;
      }
    }
    return BranchNo;
}
/* 基本回路选择函数
根据分支排列顺序数组 branch[i]、生成树和余树标识数组 out[i],生成基本回路信息 na[]
和 me[]
*/
bool select_mesh(int nb,int nj,int nm, int branch[], CString BrType[], int out[], int j1
[], int j2[], int NodeID[], int BranchID[], int na[], int me[])
{
    int i,j,k,jk,kk,l,je,ja,jb,kee,kb,k1;
    jk=0;
    l=0;//回路数
    je=0;
    for(i=1; i<nb; i++)
    {
      k=branch[i];
      kk = GetBranchID(k,nb,BranchID);
      if(out[kk] > 0)
      {
```

```
          na[jk]=k;
      jk=jk+1;
      ja=j1[kk];
      jb=j2[kk];
      kee=0;
      while(kee == 0)
      {
        for(j=1; j<nb; j++)
        {
          if(j ! = i)
          {
            kb=branch[j];
            jj = GetBranchID(kb,NumBran,BranchID);
            if(out[jj] == 0)
            {
              if(jb == j1[jj])
              {
                jb=j2[jj];
                na[jk]=kb;
                jk=jk+1;
              }
              else if(jb == j2[jj])
              {
                jb=j1[jj];
                na[jk]=-kb;
                jk=jk+1;
              }
              else
              {
                continue;
              }
              if(jb ! = ja)
              {
                out[jj]=-1;
                kee=1;
                break;
              }
              else
              {
```

```
                kee=2;
                break;
              }
            }
          }
        }
      if(kee == 0)
      {
        k1=GetBranchID(abs(na[jk-1]),nb,BranchID);
        if(na[jk-1] >= 0)
          jb=j1[k1];
        else
          jb=j2[k1];
        jk=jk-1;
        if(jk <= je)
        {
          printf("\n\n -- 不成回路的余树分支号 -- %4d",branch[i]);
          return(false);
        }
      }
      else if(kee == 1)
        kee=0;
      else if(kee == 2)
      {
        for(j=1; j<nb; j++)
        {
          if(j ! = i)
          {
            k1=branch[j];
            jj=GetBranchID(k1,nb,BranchID);
            if(out[jj] < 0) out[jj]=0;
          }
        }
        me [l]=jk;
        je=jk;
      }
    }
    l=l+1;
}
```

```
        }
    return(true);
}
```

//计算回路自然风压函数

```
void CalcuMeshNvp(int nm,int nb,int na[],int me[],int BranchID[],float sumnvp[],
float nvp[])
{
    int je = 0;
    int js = 0;
    int k = 0;
    int kk = 0;
    int i=0,j=0;
    for(i=0; i<nm; i++)
    {
        js=je;
        je=me[i];
        sumnvp[i]=0.0f;
        for(j=js; j<je; j++)
        {
            k=abs(na[j]);
            kk = GetBranchID(k,nb,BranchID);
            if (na[j] >= 0)
                sumnvp[i]=sumnvp[i]+nvp[kk];
            else if(na[j] < 0)
                sumnvp[i]=sumnvp[i]-nvp[kk];
        }
    }
}
```

//余树弦风量初始化

```
void InitialAirflow (int nb, int nfixb, int nm, int nf, int out [ ], int FixBranID [ ], int
BranchID[],float de[],float * * x, float qm[])
{
    int i,j;
    for(i=0; i<nb; i++)
    {
        bool bFixqBran = false;
        if(out[i] == 1)
        {
            for(j=0; j<nfixb; j++)
```

```
        {
          if(FixBranID[j] == BranchID [i])
          {
            qm[i] = de[i] * Fixq[j];//取固定风量值
            bFixqBran = true;
            break;
          }
        }
        if(! bFixqBran)
        {
          bool bFanBran = false;
          for(j=0; j<nf; j++)
          {
            if(FanBranID[j] == BranchID[i])
            {
              qm[i] = de[i] * x[j][1];//取风机高效点风量
              bFanBran = true;
              break;
            }
          }
          if(! bFanBran)
            qm[i]= de[i] * 10.0f;//其他余树弦风量初值取 10 m³/s
        }
      }
    }
}
//计算全风网树枝风量函数
void VNetAirDistrCalc(int nb,int nm,int nj,int BranchID[],int out[],int me[],int na[],
float qm[])
{
  int i,j,k,m;
  for(i=0; i<nb; i++)
  {
    if(out[i] ! = 1)
      qm[i] = 0.0f;
  }
  int je=0,js=0;
  for(i=0; i<nm; i++)
  {
```

```
        js＝je＋1；
        m＝GetBranchID(na[js－1],nb,BranchID)；
        je＝me[i]；
        for(j＝js;j<je;j++)
        {
            k＝GetBranchID(abs(na[j]),nb,BranchID)；
            if(na[j]＞0)
                qm[k]＝qm[k]＋qm[m]；
            else
                qm[k]＝qm[k]－qm[m]；
        }
    }
}
```

// 斯考特—恒斯雷法风网解算函数
```
int Scott(int MaxIt,int nb,int nj, int nm,int nfixb,int nf, float ＊＊cf, float qfmin[],
float hfmax[], float eps, CString ItCtrlRule, int BrnachID[], int NodeID[], int Fan-
BranID[], float r[], float de[], CString BrType[], float qm[], float fp[])
{
    int i,j,k,kk,l,m,mk,jj,je,js；
    float sumh,sumdh,dhf,h,dh,d；
    float dmax ＝ 0.0f；
    float sumhmax ＝ 0.0f；
    sumdh ＝ 0.0f；
    sumh ＝ 0.0f；
    dh ＝ 0.0f；
    dhf ＝ 0.0f；
    h ＝ 0.0f；
    d ＝ 0.0f；
    int kee ＝ 0；
    float q ＝ 0.0f；
    for(int it＝1; it<＝MaxIt; it++)
    {
        je ＝ 0；
        dmax ＝ 0.0f；
        sumhmax ＝ 0.0f；
        for(i＝1; i<nm; i++)
        {
            js＝je；
            je＝me[i]；
```

```
m = na[js];
mk = GetBranchID(m,nb,BranchID);
bool bFlag = false;
if(nfixb > 0)
{
    for(jj=0; jj<nb; jj++)
    {
        if(m == BranchID[jj] && (BrType[jj] == "定流分支"||BrType[jj] == "
        定流风机分支"))
        {
            bFlag = true;
            break;
        }
    }
}
if(! bFlag)
{
    sumh=-sumnvp[i];
    sumdh=0.0f;
    dhf=0.0f;
    if(NumFan > 0 )
    {
        for(l=0; l<nf; l++)
        {
            kk = FanBranID[l];
            k = GetBranchID(kk,nb,BranchID);
            if(m == kk)
            {
                q=qm[k]/de[k];
                if(q >= qfmin[l])
                {
                    fp[l]=cf[l][0]+q * (cf[l][1]+q * (cf[l][2]+q * cf[l][3]));
                    dhf=(cf[l][1]+(2.0f * cf[l][2]+3.0f * cf[l][3] * q) * q);
                    sumh=sumh-fp[l];
                }
                else
                {
                    fp[l]=hfmax[l];
                    dhf=0.0f;
```

```
                sumh=sumh-fp[l];
            }
            break;
        }
    }
}
for(j=js; j<je; j++)
{
    k=GetBranchID(abs(na[j]),nb,BranchID);
    q=qm[k]/de[k];
    dh=r[k]*(float)fabs(q);
    h=r[k]*(float)fabs(q)*q;
    sumdh=sumdh+dh;
    if(na[j]>=0)
        sumh=sumh+h;
    else
        sumh=sumh-h;
}
sumdh=sumdh+sumdh-dhf;
if(fabs((double)sumdh)>1.0e-20)
{
    d=-sumh/sumdh;
    for(j=js; j<je; j++)
    {
        k=GetBranchID(abs(na[j]),nb,BranchID);
        if(na[j]>=0)
            qm[k]=qm[k]+d;
        else
            qm[k]=qm[k]-d;
    }
    if(dmax<(float)fabs(d))
        dmax=(float)fabs(d);
    if(sumhmax<fabs(sumh))
        sumhmax=(float)fabs(sumh);
}
}
}
if(ItCtrlRule=="回路风量修正值")
{
```

```
        if(dmax <= eps)
        {
          kee=1;
          break;
        }
      }
      else if(ItCtrlRule == "回路风压闭合差")
      {
        if(sumhmax <= eps)
        {
          kee = 1;
          break;
        }
      }
    }
  }
  fprintf(outfp,"\n\n 迭代次数＝%4d 回路风量最大修正误差＝%13.7f\n\n 回路风压最
  大闭合误差 ＝%13.7f\n\n",it,dmax,sumhmax);
  return kee;
}
// 牛顿法风网解算 C 函数
int Newton(int MaxIt, int nb, int nj, int nm, int nfixb, int NumVarp, int nf, float * *
cf, float qfmin[],float hfmax[], float p[], float eps, CString ItCtrlRule, int BranchID
[], int NodeID[], int FanBranID[], float r[], float de[], CString BrType[], float qm
[], int VarpBranID[], int out[], int me[], int na[], float fp[])
{
  int i=0,j=0,k=0;
  int bFlag = 0;
  int je = 0;
  int js = 0;
  int m=0,k1=0,k2=0,kk=0;
  int NumVarq = nm−nfixb;
  int VarqBranch[NumVarq];
  if(NumVarq > 0)
  {
    int l=−1;
    for(i=0; i<nb; i++)
    {
      if(out[i] == 1)
      {
```

```
    bFlag = 0；
    if(BrType[i] == "定流分支" || BrType[i] == "定流风机分支")
    {
      bFlag = 1；
      break；
    }
    if(bFlag == 0)
    {
      l = l+1；
      VarqBranch[l] = BranchID[i]；
    }
   }
  }
}
float Jacb[nm][nm]；
int It=0；
int js1=0,je1=0,js2=0,je2=0；
float q = 0.0f；
float MeshP[nm]；
float Y[nm]；
float Ymax,MeshPmax；
bFlag = 0；
//迭代计算
while(It <= MaxIt)
{
  for(i=0; i<nm; i++)
    for(j=0; j<nm; j++)
      Jacb[i][j] = 0.0f；
  if(NumVarp > 0)
  {
    je = 0；
    for(i=0; i<nm; i++)
    {
      js = je；
      je = me[i]；
      for(j=js; j<je; j++)
      {
        k=abs(na[j])；
        for(kk=0; kk<NumVarp; kk++)
```

```
      {
        if(k == VarpBranID[kk])
        {
          int jj = kk+NumVarq;
          if(na[j] >= 0)
            Jacb[i][jj] = 1.0f;
          else
            Jacb[i][jj] = -1.0f;
          break;
        }
      }
    }
  }
}
Ymax = 0.0f;
MeshPmax = 0.0f;
if(NumVarq > 0)
{
  for(j=0; j<NumVarq; j++)
  {
    k = VarqBranch[j];
    je2 = 0;
    for(int ll=0; ll<nm; ll++)
    {
      js2 = je2;
      je2 = me[ll];
      if(na[js2] == k)
        break;
    }
    je1=0;
    for(i=0; i<nm; i++)
    {
      js1=je1;
      je1=me[i];
      Jacb[i][j]=0.0f;
      for(k1=js1; k1<je1; k1++)
      {
        for(k2=js2; k2<je2; k2++)
        {
```

```
            if(abs(na[k1]) == abs(na[k2]))
            {
                m=abs(na[k1]);
                kk=GetBranchID(m,nb,BranchID);
                if((na[k1] * na[k2]) > 0)
                    Jacb[i][j]=Jacb[i][j]+2.0f * r[kk] * fabs(qm[kk]);
                else
                    Jacb[i][j]=Jacb[i][j]-2.0f * r[kk] * fabs(qm[kk]);
                if(nf > 0)
                {
                    for(int k3=0; k3<nf; k3++)
                    {
                        if(m == FanBranID[k3])
                        {
                            q=qm[kk]/de[kk];
                            if(q >= qfmin[k3])
                            {
Jacb[i][j]=Jacb[i][j]-(cf[k3][1]+(2.0f * cf[k3][2]+3.0f * cf[k3]
[3] * q) * q);
                            }
                            break;
                        }
                    }
                }
                break;
            }
        }
    }
}
//计算回路闭合压差 MeshP(X)值
je = 0;
for(i=0; i<nm; i++)
{
    MeshP[i] = -sumnvp[i];
    js = je;
    je = me [i];
    for(j=js; j<je; j++)
```

```
{
    m = abs(na[j]);
    kk = GetBranchID(m,nb,BranchID);
    q=qm[kk]/de[kk];
    if(na[j] > 0)
        MeshP[i]=MeshP[i]+r[kk] * (float)fabs(q) * q;
    else
        MeshP[i]=MeshP[i]-r[kk] * (float)fabs(q) * q;
    if(nf > 0)
    {
        for(int jj=0; jj<nf; jj++)
        {
            if(FanBranID[jj] == m)
            {
                if(q >= qfmin[jj])
                {
                    fp[jj] = cf[jj][0]+q * (cf[jj][1]+q * (cf[jj][2]+q * cf[jj][3]));
                }
                else
                {
                    fp[jj]=hfmax[jj];
                }
                MeshP[i]=MeshP[i]-fp[jj];
                break;
            }
        }
    }
    if(na[j] > 0)
        MeshP[i]=MeshP[i]+p[kk];
    else
        MeshP[i]=MeshP[i]-p[kk];
}
}
double zero = 1.0e-20;
if(! inver(Jacb,nm,zero))
{
    bFlag = -1;
    break;
}
```

```
for(i=0; i<nm; i++)
{
    Y[i] = 0.0f;
    for(j=0; j<nm; j++)
        Y[i] += Jacb[i][j] * (-MeshP[j]);
}
for(j=0; j<nm; j++)
{
    if(Ymax < (float)fabs(Y[j]))
        Ymax = (float)fabs(Y[j]);
    if(MeshPmax < fabs(MeshP[j]))
        MeshPmax = (float)fabs(MeshP[j]);
}
if(ItCtrlRule == "回路风量修正值")
{
    if(Ymax <= eps)
        bFlag = 1;
}
else if(ItCtrlRule == "回路风压闭合差")
{
    if(MeshPmax <= eps)
        bFlag = 1;
}
if(NumVarq > 0)
{
    for(i=0; i<NumVarq; i++)
    {
        m = VarqBranch[i];
        kk = GetBranchID(m,nb,BranchID);
        qm[kk]=qm[kk]+Y[i] * de[kk];
    }
}
if(NumVarp > 0)
{
    for(i=0; i<NumVarp; i++)
    {
        m = VarpBranID[i];
        kk = GetBranchID(m,nb,BranchID);
        p[kk]=p[kk]+Y[NumVarq+i];
```

```
      }
    }
    if(NumVarq > 0)
    {
      if(! VNetAirDistrCalc(nb,nm,nj,BranchID,out,me,na))
      {
        bFlag = -1;
        break;
      }
    }
    if(bFlag == 1) break;
    It=It+1;
  }
  fprintf(fp4,"\n\n 迭代次数＝%4d  回路风量最大修正误差 ＝%13.7f 回路风压最大闭
  合误差 ＝%13.7f\n\n", It,Ymax,MeshPmax);
  return bFlag;
}
bool inver(float * * Jacb,int nm,double zero) //矩阵求逆
{
  int k,i,j,i2,j2,l,k1,k2;
  float y,w,aaa;
  float dgbdf[nm],du[nm];
  int me[nm],me1[nm];
  for(k=0; k<nm; k++)
  {
    me[k]=0;
    me1[k]=0;
    dgbdf[k]=0.0f;
    du[k] = 0.0f;
  }
  for(k=0; k<nm; k++)
  {
    i2=j2=0;
    y=0.0f;
    for(i=k; i<nm; i++)
    for(j=k; j<nm; j++)
    {
        if(fabs(Jacb[i][j]) > fabs(y))
        {
```

```
        y＝Jacb[i][j];
        i2＝i;
        j2＝j;
      }
  }
if(fabs(y) < zero)
{
    fprintf(fp4,"矩阵求逆失败 k＝%d i＝%d j＝%d y＝%f!! \n",k,i-1,j-1,y);
    return (false);
}
if(i2 ! = k)
{
  for(j=0; j<nm; j++)
  {
      w＝Jacb[i2][j];
      Jacb[i2][j]＝Jacb[k][j];
      Jacb[k][j]＝w;
  }
}
if(j2 ! = k)
{
  for(i=0; i<nm; i++)
  {
      w＝Jacb[i][j2];
      Jacb[i][j2]＝Jacb[i][k];
      Jacb[i][k]＝w;
  }
}
me[k]＝i2;
me1[k]＝j2;
for(j=0; j<nm; j++)
{
  if(j ! = k)
  {
      dgbdf[j]＝-Jacb[k][j]/y;
      du[j]＝Jacb[j][k];
  }
  else
  {
```

```
                dgbdf[j]＝1.0f/y;
                du[j]＝1.0f;
              }
          Jacb[k][j]＝0.0f;
          Jacb[j][k]＝0.0f;
        }
      for(i＝0; i＜nm; i++)
      for(j＝0; j＜nm; j++)
      {
        aaa＝du[i] * dgbdf[j];
        Jacb[i][j]＝Jacb[i][j]+aaa;
      }
    }
  for(l＝0; l＜nm; l++)
  {
    k＝nm-l-1;
    k1＝me[k];
    k2＝me1[k];
    if(k1 ! ＝ k)
    {
        for(i＝0; i＜nm; i++)
        {
          w＝Jacb[i][k1];
          Jacb[i][k1]＝Jacb[i][k];
          Jacb[i][k]＝w;
        }
    }
      if(k2 ! ＝ k)
      {
        for(j＝0; j＜nm; j++)
        {
          w＝Jacb[k2][j];
          Jacb[k2][j]＝Jacb[k][j];
          Jacb[k][j]＝w;
        }
      }
    }
  return (true);
}
```

```
//计算调节窗开口面积函数
void CalcAdjustArea(int nb,float q[],float de[],float s[],float adjp[],float ws[])
{
    float xs = 0.0f;
    for(int i=0; i<nb; i++)
    {
        if(adjp[i] > 0.001f)
        {
            xs=q[i]/(0.65f * q[i]+0.84f * s[i] * (float)sqrt(adjp[i]));
            if(xs <= 0.5f)
                ws[i]=xs * s[i];
            else
                ws[i]=q[i] * s[i]/(q[i]+0.759f * s[i] * (float)sqrt(adjp[i]));
        }
        else if(adjp[i] < -0.001f)
        {
            if(BrType[i] == "定流风机分支")
                adjr[i] = 0.0f;
        }
    }
}
//计算风网参数函数
void CalcNetPara(int nb, int nf, int nm, float Area[], float NetR[], float NetNVP[],
float FanP[], float FanR[], int NetID[], float adjp[], CString BrType[], int FanBranID
[], int BranchID[], float sumnvp[], float fp[])
{
    float NetP = 0.0f;
    int kk = 0;
    int js = 0, je = 0, m = 0;
    for(int i=0; i<nb; i++)
    {
        if(BrType[i] == "定流风机分支")
        {
            je = 0;
            for(int k=0; k<nm; k++)
            {
                js = je;
                m = GetBranchID(na[js],nb,BranchID);
                je = me[k];
```

```
  if(m == i)
  {
     NetP = -adjp[i]+sumnvp[k];
     FanP[kk] = -adjp[i];
     NetNVP[kk] = sumnvp[k];
     break;
  }
}
if(fabs(NetP) > 1.0e-10)
  Area[kk]=1.19 * (fabs(q[i])/sqrt(NetP));
if(fabs(q[i]) > 1.0e-10)
{
  NetR[kk] = NetP/q[i]/q[i];
  FanR[kk] = FanP[kk]/q[i]/q[i];
}
NetID[kk] = BranchID[i];
kk++;
}
else if(BrType[i] == "风机分支")
{
  for(int j=0; j<nf; j++)
  {
     if(BranchID[i] == FanBranID[j])
     {
        je = 0;
        for(int k=0; k<nm; k++)
        {
           js = je;
           m = GetBranchID(na[js],nb,BranchID);
           je = me[k];
           if(m == i)
           {
              NetP = fp[j]+sumnvp[k];
              FanP[kk] = fp[j];
              NetNVP[kk] = sumnvp[k];
              break;
           }
        }
        if(fabs(NetP) > 1.0e-10)
```

```
            Area[kk]=1.19 * (fabs(q[i])/sqrt(NetP));
          if(fabs(q[i]) > 1.0e-10)
          {
            NetR[kk] = NetP/q[i]/q[i];
            FanR[kk] = FanP[kk]/q[i]/q[i];
          }
          break;
        }
      }
      NetID[kk] = BranchID[i];
      kk++;
    }
  }
}
//计算调节风压函数
void CalcAdjustPressure(int nm, int nb, int BranchID, CString BrType[], float h[], float
adjp[])
{
  int js = 0, je = 0, m = 0, k = 0;
  float sumh;
  for (int i=0; i<nm; i++)
  {
    js=je;
    je= me[i];
    m = GetBranchID(abs(na[js]),nb,BranchID);
    if(BrType[m]=="定流分支"||BrType[m]=="定流风机分支"||BrType[m]="
    风机分支")
    {
      sumh = -sumnvp[i];
      for(int j=js; j<je; j++)
      {
        k=GetBranchID(abs(na[j]),nb,BranchID);
        if(na[j] > 0)
          sumh=sumh+h[k];
        else
          sumh=sumh-h[k];
      }
      adjp[m] = -sumh;
    }
```

```
        }
    }
//反向分支处理函数
int RevBranProcess(int nb,int nm,int RevBranch[],float adjp[],int BranchID,int j1[],
int j2[],float nvp[],int na[],int me[],int qm[])
{
    int j=0;
    for(int i=0; i<nb; i++)
    {
        if(qm[i] < 0)
        {
            if(RevBranch[i] == -1)
                RevBranch[i] = BranchID[i];
            else
                RevBranch[i] = -1;
            int temp = j1[i];
            j1[i] = j2[i];
            j2[i] = temp;
            qm[i]=-qm[i];
            adjp[i] = -adjp[i];
            nvp[i] = -nvp[i];
            vent_reverse_mesh(nm,BranchID[i],na,me);
            j++;
        }
    }
    return j;
}
//风量反向时修改回路中的分支方向函数
void vent_reverse_mesh(int nm,int number,int na[],int me[])
{
    int js=0, je=0;
    for(int i=0; i<nm; i++)
    {
        js = je;
        je = me[i];
        for(int j=js; j<je; j++)
        {
            if(abs(na[j]) == number)
            {
```

```
        na[j] = -na[j];
        break;
      }
    }
  }
}
//初始化回路信息
void InitalMeshBran(int nb,int nm,int BranchID,int branch[],float de[],float rr[])
{
  float q = 0.0f;
  for(int i=0; i<nb; i++)
  {
    branch[i] = BranchID[i];
    q = qm[i]/de[i];
    rr[i]=(float)fabs(q) * r[i]/de[i];
  }
  for(i=0; i<nm; i++)
    me[i] = 0;
}
/* 求通风机特性曲线的插值多项式系数 C 函数 */
// 数据点数 np,多项式次数 n
void polcoe(float x[],float y[],int n,float cof[])
{
  #define nmax 15
  int i,j,k;
  float phi,ff,b;
  float s[nmax];
  for(i=1;i<=n;i++) {
    s[i]=0.0;
    cof[i]=0.0;
  }
  s[n]=-x[1];
  for(i=2;i<=n;i++) {
    for(j=n+1-i; j<=n-1; j++) s[j]=s[j]-x[i] * s[j+1];
    s[n]=s[n]-x[i];
  }
  for(j=1; j<=n; j++) {
    phi=n;
    for(k=n-1; k>=1; k--) phi=k * s[k+1]+x[j] * phi;
```

```
    ff＝y[j]/phi;
    b＝1.0;
    for(k＝n;k＞＝1;k－－) {
      cof[k]＝cof[k]+b * ff;
      b＝s[k]+x[j] * b;
    }
  }
  return;
}
```

//输出网解分支基本结果函数

```
void OutputNetSimuResult(int nb,float h[],float v[],float r[],float q[],float s[],int
BranchID,int j1[],int j2[])
{
  fprintf(fp4,"┌──┬──┬──┬────┬───┬──┬──┬──┐\n");
  fprintf(fp4,"│序号│始点│末点│ 风阻 │ 风量 │阻力│断面│ 风速 │\n");
  fprintf(fp4,"├──┼──┼──┼────┼───┼──┼──┼──┤\n");
  for(int i＝0; i＜nb; i++)
  {
    fprintf(fp4," │%4d│%4d│%4d│%12.6f│%10.3f│%10.3f│%6.2f│%6.2f│\n",
BranchID[i],j1[i],j2[i],r[i],q[i],h[i],s[i],v[i]);
    fprintf(fp4," ├──┼──┼──┼────┼───┼──┼──┼──┤\n");
  }
  fprintf(fp4," └──┴──┴──┴────┴───┴──┴──┴──┘\n\n");
}
void OutputAdjBranData(int nb,int BranchID[],int j1[],int j2[],float r[],float q[],float
adjp[],float adjr[],float ws[])
{
  fprintf(fp4,"\n\n\n ── 调阻分支参数 ──\n\n\n");
  fprintf(fp4," ┌──┬───┬──┬────┬───┬───┬───┬──┐\n");
  fprintf(fp4," │分支号│始点号 │末点号│实际风阻│风量 │调节风压│调节风阻│窗面积│\n");
  fprintf(fp4," ├──┼───┼──┼────┼───┼───┼───┼──┤\n");
  for(int i＝0; i＜nb; i++)
  {
    if(adjp[i] ＞ 0.001f)
    {
      fprintf(fp4," │%6d│%6d│%6d│%12.6f│%10.3f│%8.2f│%14.8f│%6.2f│
\n",BranchID[i],j1[i],j2[i],r[i],q[i],adjp[i],adjr[i],ws[i]);
      fprintf(outfp," ├──┼──┼──┼────┼───┼──┼──┼──┤\n");
    }
  }
```

```
        else if(AdjustPressure[i] < -0.001f)
        {
            fprintf(outfp," | %6d | %6d | %6d | %12.6f | %10.3f | %8.2f | %14.6f |      | \n",
            BranchID[i],j1[i],j2[i],r[i],q[i],adjp[i],adjr[i]);
            fprintf(outfp," ├───┼───┼───┼───┼───┼───┼───┤ \n");
        }
    }
    fprintf(outfp," └───┴───┴───┴───┴───┴───┴───┘ \n\n");
}
void OutputFanRunning(int SumFan,int nb,int nf,int NetID[],float FanP[],float FanR
[],float NetR[],float Area[],int iCurveCoefNum,float * * df,float fe[],float fw[],
float qfmin[],int BranchID[],int FanBranID[],int j1[],int j2[],float q[])
{
    fprintf(fp4,"\n\n\n ──矿井主要通风机工作参数──\n\n\n");
    fprintf(fp4," ┌───┬───┬───┬───┬───┬───┬───┬───┬───┐ \n");
    fprintf(fp4," |风机号|始点号|末点号| 风量 | 压力 | 工作风阻 | 效率|功率|风网风阻| 等积孔 | \n");
    fprintf(fp4," ├───┼───┼───┼───┼───┼───┼───┼───┼───┤ \n");
    for(int k=0; k<SumFan; k++)
    {
        int kb=GetBranchID(NetID[k],nb,BranchID);
        if(branch_type[kb] == "风机分支")
        {
            for(int i=0; i<nf; i++)
            {
                if(NetID[k] == FanBranID[i])
                {
                    fe[i]=df[i][iCurveCoefNum-1];
                    for(int j=iCurveCoefNum-2; j>=0; j--)
                        fe[i]=df[i][j]+fe[i]*q[kb];
                    if(fe[i] ! = 0.0f)
                        fw[i]=q[kb]*fp[i]/fe[i]/10.0f;
                    else
                        fw[i] = 0.0f;
            fprintf(outfp," | %6d | %6d | %6d | %10.3f | %8.2f | %10.6f | %6.2f | %8.2f |
%10.6f | %6.2f | \n",BranchID[kb],j1[kb],j2[kb],q[kb], FanP[k],FanR[k],fe[i],fw[i],
NetR[k],Area[k]);
            fprintf(fp4," ├───┼───┼───┼───┼───┼───┼───┼───┼───┤ \n");
                    break;
                }
```

```
        }
      }
    }
    fprintf(fp4," └──┴──┴──┴──┴──┴──┴──┴──┴──┴──┘ \n\n");
    for(int l=0; l<nf; l++)
    {
      k=GetBranchID(FanBranID[l],nb,BranchID);
      if(q[k] < qfmin[l])
      {
        fprintf(fp4,"\n\n 风量超限：第 %d 台风机风量 ＝ %10.4f\n",FanBranID[l],q
        [k]);
      }
    }
}
//输出回路风压平衡情况函数
void OutputMeshInfo(int nb,int nf,int nm,float adjp[],int BranchID[],int na[],int me
[],CString BrType[],int FanBranID[])
{
    float sumhh ＝ 0.0f;
    int je ＝ 0;
    int js ＝ 0;
    int i,j,k,l,m,jj,kk;
    fprintf(fp4,"\n\n   回路号   分支数   风压不平衡值   分支号\n");
    for(i=0; i<nm; i++)
    {
      js ＝ je;
      je ＝ me[i];
      sumhh＝－sumnvp[i];
      for(j=js; j<je; j++)
      {
        k=abs(na[j]);
        m ＝ GetBranchID(k,nb,BranchID);
        if(BrType[m] ＝＝ "风机分支")
        {
          for(jj=0; jj<nf; jj++)
          {
            kk ＝ GetBranchID(FanBranID[jj],nb,BranchID);
            if(m ＝＝ kk)
            {
```

```
            sumhh=sumhh+r[m] * q[m] * q[m]-fp[jj];
            break;
          }
      }
    }
    else
    {
      if(na[j] > 0)
        sumhh=sumhh+r[m] * q[m] * q[m]+adjp[m];
      else
        sumhh=sumhh-r[m] * q[m] * q[m]-adjp[m];
    }
  }
  l=je-js;
  fprintf(fp4," %4d %4d %.6f",i+1,l,sumhh);
  for(j=js; j<je; j++)
    fprintf(fp4," %4d",na[j]);
  fprintf(fp4,"\n");
  }
}
```

参考文献

[1] 陈开岩,陈发明.东滩煤矿改扩建通风系统可行性论证与优化[J].矿业安全与环保,2000,27(6):33-34.

[2] 陈开岩,陈发明.矿井通风测量数据处理方法的集成与应用[J].中国矿业大学学报,2002,31(6):600-604.

[3] 陈开岩,傅清国,刘祥来,等.矿井通风系统安全可靠性评价软件设计及应用[J].中国矿业大学学报,2003,32(4):393-398.

[4] 陈开岩,王省身.用气压计法测量矿井通风压力的误差分析判断及其处理[J].煤炭工程师,1992(6):45-48.

[5] 陈开岩,张小平,刘雨忠,等.基于井巷标准通风阻力系数的矿井通风系统状态数值模拟[J].煤矿安全,1996(7):10-13.

[6] 陈开岩,赵以蕙.矿井通风网络阻力测量相关条件平差[J].中国矿业大学学报,1994(1):80-89.

[7] 陈开岩.矿井通风系统优化理论及应用[M].徐州:中国矿业大学出版社,2003.

[8] 陈守煜,赵瑛琪.模糊优选理论与模型[J].模糊系统与数学,1990,4(2):87-91.

[9] 陈守煜.工程模糊集理论与应用[M].北京:国防工业出版社,1998.

[10] 陈守煜.可变模糊集合理论与可变模型集[J].数学的实践与认识,2008,38(18):146-153.

[11] 陈守煜.可变模糊聚类及模式识别统一理论与模型[J].大连理工大学学报,2009,49(2):307-312.

[12] 陈守煜.系统模糊决策理论与应用[M].大连:大连理工大学出版社,1994.

[13] 程磊,党海波,吴磊.矿井通风网络分析方法研究现状与发展趋势[J].煤,2010,19(8):61-63.

[14] 方裕璋,王家棣,杨立兴.矿井通风系统技术改造[M].北京:煤炭工业出版社,1994.

[15] 费业泰.误差理论与数据处理[M].北京:机械工业出版社,1987.

[16] 傅贵,秦跃平,杨伟民,等.矿井通风系统分析与优化[M].北京:机械工业出版社,1995.

[17] 郭禄光,樊功瑜.最小二乘法与测量平差[M].上海:同济大学出版社,1985.

[18] 李恕和,王义章.矿井通风网络图论[M].北京:煤炭工业出版社,1984.

[19] 刘学峰,程远平,胡星科,等.矿井通风安全管理计算方法与程序设计[M].徐州:中国矿业大学出版社,1990.

[20] 刘泽功.通风安全工程计算机模拟与预测[M].北京:煤炭工业出版社,1995.

[21] 卢开澄.图论及其应用[M].北京:清华大学出版社,1981.

［22］谭国运.矿井通风网络分析及电算方法［M］.北京:煤炭工业出版社,1991.

［23］谭允祯.矿井通风系统优化［M］.北京:煤炭工业出版社,1992.

［24］王朝瑞.图论［M］.北京:高等教育出版社,1981.

［25］王惠宾,胡卫民,李湖生.矿井通风网络理论与算法［M］.徐州:中国矿业大学出版社,1996.

［26］谢贤平,冯长根,赵梓成.矿井通风系统模糊优化研究［J］.煤炭学报,1999,24(4):379-382.

［27］邢玉忠,陈开岩.矿井通风网络解算［M］.徐州:中国矿业大学出版社,2015.

［28］徐瑞龙.通风网络理论［M］.北京:煤炭工业出版社,1996.

［29］许树柏.层次分析法原理［M］.天津:天津大学出版社,1988.

［30］张国枢.通风安全学［M］.2版.徐州:中国矿业大学出版社,2000.

［31］张惠忱.计算机在矿井通风中的应用［M］.徐州:中国矿业大学出版社,1996.

［32］张世英,刘志敏.测量实践的数据处理［M］.北京:科学出版社,1977.

［33］赵焕臣,许树柏,和金生.层次分析法——一种简易的新决策方法［M］.北京:科学出版社,1986.

［34］周福宝,王德明,陈开岩.矿井通风与空气调节［M］.徐州:中国矿业大学出版社,2009.

［35］周福宝,王德明,李正军.矿井通风系统优化评判的模糊优选分析法［J］.中国矿业大学学报,2002,31(3):262-266.

［36］周利华.矿井主通风机性能曲线模型的显著性检验［J］.煤矿机械,2001(11):15-17.

［37］周心权,傅贵,方裕璋.煤矿主要负责人安全培训教材［M］.徐州:中国矿业大学出版社,2004.

［38］GREGORY K .Visual C＋＋5 开发使用手册［M］.北京:机械工业出版社,1998.

［39］ MCPHERSON M J.Ventilation Network Analysis by Digital Computer［J］.The Mining Engineer,1966,126(73):12-18.

［40］WANG Y J. Solving mine ventilation networks with fixed and non-fixed branches［J］. Mining Engineering,1990,42(9):1091-1095.